다윈에서 도킨스까지
생물학자의 시선

다윈에서 도킨스까지

생물학자의 시선

초판 4쇄 발행일 2024년 8월 20일
초판 1쇄 발행일 2018년 10월 31일

지은이 최섭
펴낸이 이원중

펴낸곳 지성사 출판등록일 1993년 12월 9일 등록번호 제10-916호
주소 (03458) 서울시 은평구 진흥로 68, 2층
전화 (02) 335-5494 팩스 (02) 335-5496
홈페이지 www.jisungsa.co.kr 이메일 jisungsa@hanmail.net

ISBN 978-89-7889-404-3 (43470)

잘못된 책은 바꾸어 드립니다. 책값은 뒤표지에 있습니다.

이 도서는 한국출판문화진흥원 2018 우수출판콘텐츠 제작 지원 선정작입니다.

Biologist's insight

다윈에서 도킨스까지

생물학자의 시선

| 최섭 지음 |

찰스 다윈

비루테 갈디카스

리처드 도킨스

질 볼트 테일러

제임스 왓슨

프랜시스 크릭

그레고어 멘델

알렉산드르 오파린

지성사

천재 과학자들의 시선은 어떻게 달랐을까?

"과학은 우리 삶과 멀리 떨어져 있다."

"과학은 어렵다."

위 말은 일반 학생이나 대중이 과학에 대해서 느끼는 공통된 생각일 것입니다. 하지만 과학은 우리 삶과 멀지 않은 곳에 있습니다. 우리가 쓰는 휴대폰 GPS에는 아인슈타인의 일반 상대성 이론이 적용되어 있고, 인간의 동물적 본성을 이해하는 데는 유인원에 대한 연구가 뒷받침되어 있습니다. 과학은 우리 삶 가까이에 존재하는 것입니다. 그런데 어쩌다가 이렇게 과학과 우리 삶에 괴리가 생기고, 과학에 대해 어렵게 느끼게 되었을까요?

사실 '과학자'라는 단어는 1833년 영국에서 처음 쓰기 시작했습니다. 그전에는 일반적으로 과학자들을 우리 주변의 자연을 우선적인 대상으로 연구하는 '철학자'로서 인정해왔습니다. "나는 생각한다. 고로 존재한다"

라는 말로 유명한 근대 철학의 아버지 데카르트는 수학에서 좌표를 도입한 수학자이자 빛 굴절의 법칙을 발견한 물리학자이기도 했으니까요. 19세기에 들어와 학문이 여러 갈래로 나눠지면서 자연 철학자를 과학자라는 단어로 한 단계 낮춰 부르게 되었습니다. 어떻게 보면 과학자라는 단어를 쓰면서부터 과학자들이 우리 삶과 동떨어진 너무 세분된 분야만 연구한다고 생각하게 되었고, 결국 우리의 일상과 멀어져 어렵게 느껴지는 학문이 되어버린 듯합니다.

저는 이 책을 통해 독자들이 과학을 대하는 마음의 거리가 조금이나마 줄어들면 좋겠다고 생각했습니다. 과학자들의 시선을 편안한 구어체로 좇다 보면, 어느새 과학자들의 삶 속에 녹아 있는 개념들을 자연스럽게 깨닫고 그들의 생각과 삶을 이해하게 되길 바랐습니다. 그리고 이러한 이해를 바탕으로 학생들이나 독자들이, 과학자들을 더 가까이 느끼고 과학에 대한 마음의 벽을 허물 수 있으면 좋겠습니다.

이 책에서는 7명의 생물학자에 대한 이야기를 다루고 있고 각각의 학자들의 시대적 배경, 연구 동기, 연구 성과, 생물학계에 미친 영향, 우리 삶에 미친 영향 등에 대해 정리하였습니다. 그리고 마지막 부분에 생각해 볼 문제들을 제시하여 생물학자들의 시선이 아닌, 독자 자신의 시선을 갖도록 구성했습니다.

제가 학자들의 이야기를 글로 쓰고 나서 세 가지 알게 된 점이 있습니다. 첫째, 책에서 소개하고 있는 대부분의 생물학자에게는 비슷한 시기에 비슷한 생각을 한 라이벌이 나타난다는 것입니다. 다윈에게는 월리스가, 오파린에게는 홀데인이, 멘델에게는 드브리스와 코렌스와 체르마크가, 갈디카스에게는 존 매키넌이, 왓슨과 크릭에게는 폴링이 거의 같은 시기에 유사한 발견을 하게 됩니다. 마치 간석기나 청동기의 발명이 인류 전체에서 비슷한 시기에 나타난 것처럼, 비슷한 시기의 환경 변화나 인류 전체의 문화 발전이 비슷한 발견을 하도록 만들어준 것은 아닐까요? 이 책에 나오는 뇌 과학자 '테일러'는 좌뇌를 다쳤을 때 우뇌를 통해서 자신이 전 인류와 연결된 느낌을 받았다고 이야기했습니다. 어느 학자의 말마따나 지구는 보이지 않는 혼으로 둘러싸여 연결되어 있고, 작곡가들이 갑자기 영감이 떠올라 음악을 만들 듯 과학자들에게 떠오르는 아이디어도 어쩌면 지구가 인간에게 알려주는 그 무엇이 아닐까 싶습니다. 우리는 하나로 연결되어 있고 과학자들과 우리의 차이는 천재성이나 지능에서 오는 것이 아닌, 누가 먼저 지구가 알려주는 아이디어를 잡아내느냐의 속도 차이인지도 모르겠습니다.

둘째, 위대한 발견 뒤에는 성실성이 뒷받침되어 있었다는 점입니다. 다윈은 "위대한 과학자와 평범한 사람들의 차이는 현상의 원인과 의미를 '습관적으로' 찾는 데 있다"고 말했습니다. 이 말은 위대한 과학자에게는 순간적인 영감과 지능도 중요하지만, 그 영감에 대해 계속 고민해 나갈 꾸준함이 필요하다는 것을 역설하고 있습니다. 남다른 성실함이 라이벌을 꺾고 위대한 업적을 이루도록 도와주는 주요한 덕목이었던 것입니다. 또 이 위대한 과학자들은 설사 자신의 업적이 살아생전에 인정받지 못하더라도 스스로의 꾸준함과 노력을 믿었기에 죽을 때까지도 자기 이론에 확신을 가지고 있었습니다.

셋째, 위대한 과학자들은 다른 과학자들과는 다른 관점에서 보려고 노력했다는 것입니다. 다윈은 다른 과학자들과는 달리 자연선택에 의해서 진화가 일어난다고 보았고 도킨스는 유전자의 관점에서 자연선택을 바라보려고 했습니다. 또 왓슨과 크릭은 DNA 구조를 모형으로 분석하려고 했습니다. 이처럼 다른 각도에서 현상을 바라보는 시선은 마치 달의 뒷면을 보는 것처럼 전혀 다른 문제의 모습을 발견하게 합니다.

『논어』(홍익출판사 김형찬 역)에서 관(觀-insight)이란 시(視-see)보다 한 단계 더 나아간 표현으로, 어떤 동기나 의도로 그런 일을 한 것인지 자세히 살펴본다는 뜻으로 풀이되어 있습니다. 이 책도 단순한 과학적 사실과 지식만을 나열하기 위한 자서전이 아닌, 과학자들의 시선[관(觀)insight]을 느끼고 그들의 생각과 의도에 공감해보길 바라는 마음에서 만들게 되었습니다. 아울러 이 책에는 생물학자들의 위대한 면만 다루면서 찬양만 하는 것이 아니라, 그들의 부족한 점과 인간적인 면도 언급함으로써 독자들과 학생들이 '나도 저 정도는 할 수 있겠다'는 마음을 먹었으면 좋겠다는 저의 바람도 담았습니다. 녹자들과 학생들이 이 책을 통해 세상을 바라보고 과학에 대한 관심이 자라서 자연현상의 원인과 의미를 찾는 '자연 철학자'가 되길 기원합니다.

마지막으로 이 책을 편집해주신 도서출판 지성사 분들께 감사 드리고, 원고 수정에 힘써주신 김지교 선생님, 우지영 선생님, 이화진 선생님, 조혜원 선생님, 조현이 선생님, 이진우 선생님, 이민지 선생님, 김민아 선생님과 아낌없는 조언을 해주신 박소현 선생님, 포항공대 최관용 교수님, 서울대 서정욱 교수님, 신경과 이석윤 의사 선생님께도 감사 인사 드립니다.

최섭

1

자연선택에 의한
진화론의 창시자

찰스 다윈

4

오랑우탄의 어머니
비루테 갈디카스

5

DNA 구조를 발견한
왓슨과 크릭

6
긍정의 뇌
질 볼트 테일러

7
과학의 대중화를 이끈

리처드 도킨스

다윈에서 도킨스까지
세상을 바꾼 결정적 시선

	성실성	다양한 분야에 대한 관심과 호기심	적극적으로 경청하려는 자세	과학에 대한 사랑	자기 연구에 대한 확신	행운	대중적 관심을 불러일으킴	행동력과 의지
찰스 다윈	★	★		★				
그레고어 멘델	★				★	★		
알렉산드르 오파린					★		★	★
비루테 갈디카스	★							★
제임스 왓슨 & 프랜시스 크릭	★		★		★	★		
질 볼트 테일러	★						★	
리처드 도킨스					★		★	

다윈에서 도킨스까지 이 책에 나오는 생물학자들은 어떻게 해서 역사에 남을 위대한 과학적 발견을 이루었을까? 그것은 남들과 다른 능력을 갖춰서가 아니라 1퍼센트의 작은 시선의 차이가 만들어낸 결과이다. 천재 과학자들은 다른 각도에서 문제를 바라보면서 우리가 미처 몰랐거나 전혀 생각하지 못한 새로운 현상들을 발견해왔다. 그들의 1퍼센트 남다른 '결정적 시선'은 어떤 것일까?

인내심	사고의 유연성	사회에 공헌하고자 하는 마음	팀워크	학문 간의 융합	용기와 대담함	창조적 사고	상상력	긍정적 에너지
★				★			★	
				★		★		
				★				
★	★	★						
	★		★	★	★	★	★	
		★						★
		★		★		★		

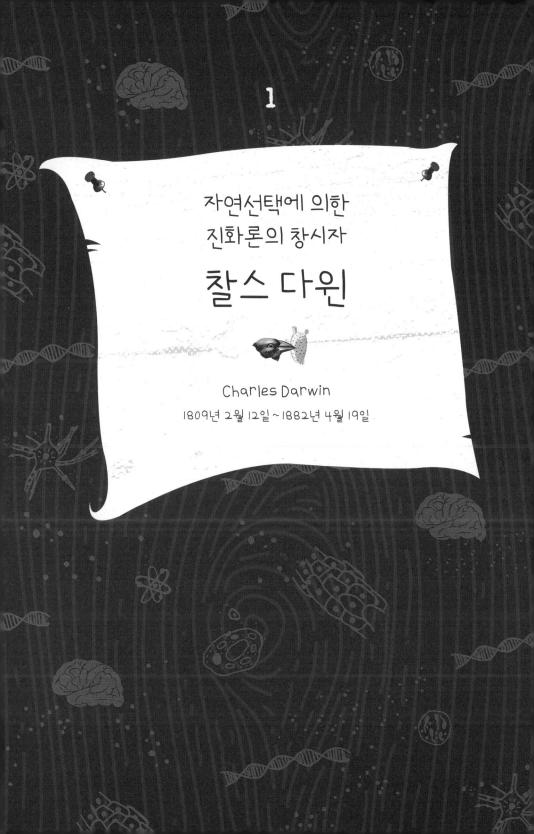

1

자연선택에 의한
진화론의 창시자

찰스 다윈

Charles Darwin
1809년 2월 12일 ~ 1882년 4월 19일

◆ 다윈의 뇌 구조

창조주가 진짜 모든 종을 창조했을까?

사랑하는 아이들을 잃은 슬픔

갈라파고스 제도의 핀치 새

종은 자연선택에 의해 진화해왔어

창조주에 대한 원망

지질학

인간은 유인원에서 진화해왔어

월리스가 비슷한 생각을 먼저 발표하면 안 되는데…

지렁이의 효과

인간 진화 문제로 싸우기 싫어

식물학

내가 죽고 나서 논의가 되었으면

공황장애… 사람 만나기 싫다

심리학

대중에게 인정받았다는 뿌듯함

산업혁명의 시작과 인권 의식

1784년 서구 사회에서는 엄청난 일이 일어났어. 바로 영국에서 증기기관차가 발명되고 1차 산업혁명이 시작된 거야. 급속한 산업의 성장으로 대량생산이 가능해지고 기존의 귀족계급의 부를 뒤엎는 신흥 부르주아들이 성장하게 되지. 하지만 그 이면에는 식민지를 통해 엄청난 수의 노예가 동원됐고 일터에서는 「모던 타임스」의 찰리 채플린처럼 사람들이 기계의 부품처럼 쓰이고 버려졌어. 그래서 사회적으로 인권에 대한 관심이 커졌고 노예제도에 대한 문제가 제기되던 시기였지. 1837년에는 영국 노동자들이 차티스트운동을 시작했는데 그들은 보통선거, 평등선거, 비밀선거의 원칙을 주장하며 피선거권을 요구했어.

다른 한편으로는 노예제도에 반대하는 여론도 일어났어. 다윈은 진화론자로만 알려져 있지만, 노예제도에 반대한 사람이기도 했어. 그가 비글호를 타고 항해했던 남아메리카는 '노예의 나라'라고 불릴 정도로 유럽에서 온 백인들이 흑인 노예를 많이 부리고 있었는데, 특히 항해 중 들렀던 타히티섬과 뉴질랜드에서 다윈은 노예제도에 대한 자기의 생각이 옳았음을 확신했어. 당시 뉴질랜드는 문명화되었다고 자신하는 유럽의 기독교인들이 다스리고 있었지만 범죄와 무법 사태가 끊이질 않았어. 반면 타히티섬은 원주민 여왕이 다스리고 있었지만 예의 바르고 질서가 잡힌 사회를 이루고 있었지. 이 모습을 보고 다윈은, 인간은 환경에 따라 변한다는 아이디어를 얻게 돼. 즉 원주민이라도 적응하기에 따라 문명화가 가능하기 때문에 노예들도 인간으로서의 존엄성을 인정받아야 한다고 생각했어.

이 시기는 사회의 여러 부분에서 피지배자들이 자신의 권리를 되찾는 과정에 있었고, 사회가 급변하는 혼돈의 시대였어. 이렇게 부조리에 대한 변화를 원하고 있던 상황에서 다윈의 '자연선택에 의한 진화론'은 사회학자들에게 인기가 높았을 거야. 이들은 한 생물 종이 진화하는 것만 생각한 게 아니라 지금의 체제 또한 생물처럼 진화하고 바꿀 수 있다고 보았기 때문이지. 다윈의 생각이 이런 시대 상황 속에서 성장하고 진화론도 이 같은 사회 분위기에서 논의되고 대두될 수 있었다는 측면에서 본다면, 다윈은 시대를 잘 타고난 '행운아'였다고 볼 수 있어.

 ## 기독교와 충돌하다

산업혁명 이전의 중세시대는 기독교 가치에 의해서 지배됐고, 그 가치에 반기를 드는 행위는 금기시되어 왔어. 그래서 다윈의 아버지도 다윈이 케임브리지대학교에서 목사의 꿈을 꾸길 바랐지. 하지만 다윈은 그 길이 자신과는 맞지 않는다고 생각했고, 목사가 아닌 박물학자가 되길 꿈꿨어. 훗날 비글호를 타고 항해하면서 자연법칙을 알아가는 동안, 성경 속 복음에 반하는 증거들을 확인한 다윈의 믿음은 점점 옅어져갔지. 또한 다윈은 1837년 사촌 누나 에마와 결혼해서 9명의 아이를 낳았는데, 그중 가장 사랑하던 첫째 딸 앤을 포함해 3명의 아이가 열 살이 되기 전에 하늘나라로 가버리는 아픔을 겪었어. 이런 개인적인 경험과 진화론이라는 자신의 연구 방향성에 영향을 받은 다윈은 점차 기독교 신앙을 잃어버리게 돼. 그리고 기독교 사회에 배척되리라는 두려움에 차마 꺼내지 못하고 있던 자신의 이론을 결국 세상에 발표하게 되지.

물론 이렇게 되기까지 사회 권력의 변화도 무시할 수 없을 것 같아. 당시 부르주아들은 귀족과 대립하는 상황이었고, 귀족의 지위를 인정해주는 권력 집단인 교회와 사이가 좋지 않았어. 그런데 다윈의 이론을 살펴보니, 기독교에 반기를 드는 내용인 거야. 당연히 부르주아들은 다윈의 이론에 힘을 실어주는 것이 자신의 입지를 넓힐 기회라고 생각했어. 하지만 기독교 측도 반발이 만만치 않았겠지? 다윈과 기독교 측이 맞붙었던 가장 큰 사건은 1860년 6월 30일에 옥스퍼드대학교 자연사박물관에서 있었던 '옥스퍼드 논쟁'이었어. 다윈 측에서는 토머스 헉슬리(Thomas H. Huxley)가, 반대 측에서는 옥스퍼드의 주교인 사무엘 윌버포스(Samuel Wilberforce)가 나와서 토론을 벌였어.

"당신이 지지하는 다윈의 학설대로라면 유인원에게서 나왔다는 당신의 조상은 원숭이가 분명한데, 그 원숭이는 당신 아버지 쪽 조상입니까? 아니면 어머니 쪽 조상입니까?"

회의장 안 사람들은 조롱이 섞인 윌버포스의 말에 동의하며 헉슬리를 비웃었어. 하지만 헉슬리는 다음과 같이 맞받아쳤지.

"저는 인류의 조상이 원숭이라고 해서 결코 부끄러운 일이 아니라고 생각합니다. 더 부끄러운 것은 과학에 대해서 잘 알지도 못하는 윌버포스와 같은 사람이 권력을 통해 사람들의 생각을 흐리게 하는 행위라고 생각합니다. 그런 사람의 친족이 되느니 차라리 원숭이의 친족이 되겠습니다."

옥스퍼드에서의 논쟁은 다윈 측의 승리로 끝나는데, 이는 다윈의 이론이 증거가 확실하고 타당한 측면도 있었겠지만, 신흥 부르주아들의 지원과 새로운 권력 교체가 일어나는 사회 분위기가 있었기 때문에 가능했다고 생각해. 난세에 영웅이 나오는 법이니까.

 ## 종에 대한 활발한 연구

다윈이 쓴 『종의 기원』에 대해 이해하려면 '종(種)'에 대해 알아야겠지? '종'이란 생물분류의 기본단위로 자손을 만들 수 있는 특성이 있어. 다윈도 '종'이라는 단위가 무엇인지에 대해 고민을 했어. 그는 종이란 '자손을 남길 수 있는 특징을 가진 변종'이라고 정의했어. 여기에서 '변종'이라는 단어를 강조하고 있는데, 종은 자연선택의 결과에 따라 진화하고 변할 수 있다는 점을 알려주려는 것이었지.

그렇다면 '종'이라는 단위는 누가 제일 먼저 만들었을까? 1758년 스웨덴의 박물학자 린네(Linné)는 동물계와 식물계를 각각 종, 속, 과, 목, 강, 문의 6개 계층으로 나눠서 분류했어. 그런데 6단계까지 다 부르면 너무 길잖아? 쓰기도 불편하고. 그래서 가장 낮은 단계인 속과 종을 사용해서 '학명'으로 부르도록 약속했어. 예를 들어 현생인류를 '지혜로운 사람'이라는 뜻으로 '호모 사피엔스(*Homo Sapiens*)'라고 하는데 여기에서 호모는 사람속을 말하는 속명이고 사피엔스는 사람종을 말하는 종명이야. 원래대로 6단계의 종 분류에 의해 표현한다면 '척추동물문, 포유강, 영장목, 사람과, 사람속, 사람종'이라고 해야 맞는 것이지.

계(Kingdom)	동물계(Animalia)
문(Phylum_동물 Division_식물)	척추동물문(Chordate)
강(Class)	포유강(Mammalia)
목(Order)	영장목(Primates)
과(Family)	사람과(Hominidae)
속(Genus)	사람속(*Homo*)
종(Species)	사람종(*Sapiens*)

현생인류 종의 6단계 종 분류

학계에서는 '종'에 대한 정의가 내려지자 종이 어떻게 생겨났는지에 대해서 다양한 의견들이 나오기 시작했어. 프랑스의 박물학자이자 철학자인 뷔퐁(Buffon)은 자신의 저서 『박물지』에서 "생물은 환경의 법칙에 따라 하나의 선조로부터 갈라져 나왔다"고 주장했어. 하지만 종교계의 반발과 근거 부족으로 이 가설을 거둬들였지.

뷔퐁의 제자였던 생물학자 라마르크(Lamarck)는 스승의 뜻을 받들어 '용·불용설'이라는 진화설을 세상에 공표했어. 그러나 '쓰면 쓸수록 진화하고 그 특성은 유전한다'는 '용·불용설'은 곧 잘못된 이론이라는 사실이 밝혀졌어. 왜냐하면 축구선수의 아들이 태어났다고 해서 그 자손도 허벅지에 근육이 생긴 채 태어나지는 않기 때문이지. 라마르크가 예시로 기린을 든 적이 있는데 기린의 목이 늘어난 이유를, 높은 곳의 부드러운 잎사귀를 먹기 위해서 목을 계속 사용했기 때문이라고 주장했어.

하지만 다윈은 기린의 목이 긴 이유에 대해서 다르게 설명했어. 처음에 목이 긴 기린과 목이 짧은 기린이 있었는데, 가뭄이 왔을 때 목이 긴 기린만이 높은 곳의 잎을 먹을 수 있어서(자연선택) 살아남았다고 이야기한 거야. 또한 긴 목이 감시탑 역할을 하거나 급소를 보호하고 공격용 무기로도 사용되면서 생존율을 더 높였다고 보았지.

: 연구 동기 :

 ## 수집광 다윈, 세계 일주를 꿈꾸다

1809년 2월 12일, 영국 슈루즈베리(Shrewsbury)에서 태어난 다윈은 학교 공부는 잘하지 못했지만, 다방면의 책을 읽는 걸 좋아했어. 그중에서도 셰익스피어의 역사극이나 시를 읽는 걸 좋아했지. 특히 『세계의 불가사의』라는 책을 읽으면서 먼 여행을 떠나고 싶은 꿈을 가지게 되었어.

또한 다윈은 아버지의 말을 잘 따르려고 노력한 아들이었어. 유능한 의사였던 아버지의 기대에 부응하고자 에든버러 의과대학에서 마음을 잡고 공부해보려고 했지. 하지만 실험을 진행하는 화학 수업 외에는 노트를 길게 읽어 내려가는 교수들의 강의에 이내 질려버렸고, 강의가 독서에 비해

비효율적인 교육 방법이라고 생각하기도 했어. 게다가 당시 수술실에는 마취제가 없어서 환자들이 지르는 비명과 울부짖음을 들으며 수술을 진행해야 했는데, 다윈은 외과 수술에 보조로 참여했다가 이를 보고 질겁해 도망쳐 나오면서 의학이 자신의 적성과 맞지 않는다고 확신했지. 의과대학에서의 유일한

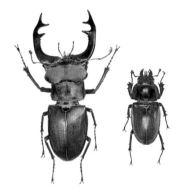

유럽사슴벌레

즐거움은 게나 새우 같은 바다 생물을 연구하고 '수집'하는 일이었어.

나중에 다윈은 아버지의 권유로 케임브리지대학교에서 신학을 공부해보기도 했지만 이내 흥미를 잃고 사촌과 함께 곤충을 채집하는 취미에만 몰두했어. 그는 조수까지 고용해 곤충을 채집했고, 지금까지 발견된 적 없었던 곤충을 찾았을 때는 무척이나 행복해했어. 자신과 사촌의 이름이 곤충학계에 남겨질 생각을 하니 너무 기뻤던 거야. 다윈이 발견해 학계에 소개한 곤충은 유럽사슴벌레, 콩풍뎅이, 송장풍뎅이, 긴다리풍뎅이 등이 있어. 이처럼 다른 사람들은 쓸데없는 일로 여겼던 수집 활동은 다윈에게는 종들의 다양성을 알아가는 데 흥미를 주었을 뿐만 아니라 이후 자기 이론의 증거들을 제시하는 데 많은 도움이 되었어.

식물학, 지질학과의 만남

다윈은 케임브리지대학교에서 헨슬로(Henslow) 교수의 식물학과 세지윅(Sedgwick) 교수의 지질학 연구 방법을 익혀 나갔어. 그리고 식물학뿐만

아니라 곤충학, 광물학 등 여러 분야에 걸쳐 박학다식한 헨슬로 교수를 진심으로 존경했고 따랐지. 다윈은 헨슬로 교수의 끈기 있는 관찰력과 학생의 작은 발견에도 같이 흥분할 줄 아는 태도를 지켜보며 박물학자로서의 기본 소양을 키우기도 했어.

지질학자인 세지윅 교수와는 함께 웨일스의 코뿔소 화석 동굴에서 미발견 화석들을 찾기 위한 야외조사 활동에 참여했어. 비록 다른 화석은 찾지 못했지만 그 지대가 빙하기에 속한다는 사실을 알려주는 조개나 퇴적물은 확인할 수 있었지. 하지만 세지윅 교수는 화석에만 관심이 있을 뿐 이런 새로운 사실에 대해 주의 깊게 생각하지 않았어. 이를 본 다윈은 진리를 알아보고 추론해내는 제대로 된 통찰력이 없으면 아무리 많은 증거가 있어도 소용없다는 사실을 깨닫게 되었어. 1831년 1월, 결국 다윈은 대학 졸업 후 신학자가 아닌 동물학과 식물학, 광물학, 지질학을 통합적으로 연구하는 박물학자의 꿈을 품고 고향으로 돌아오게 돼.

비글호 탑승

1831년 8월, 세지윅 교수와 함께한 지질조사에서 돌아온 다윈은 헨슬로 교수에게서 한 통의 편지를 받아. 그 편지는 다윈과 비글호와의 운명적인 만남을 이어주었지. 편지에는 해안 측정과 표준시 확인이 목적인 해군 군함 비글호가 2년 동안 푸에고(Fuego)섬으로도 불리는 남아메리카 남쪽 끝 티에라델푸에고(Tierra del Fuego)에 들렀다 인도의 동쪽을 거쳐서 올 예정이며 생물학자 한 명을 구한다는 내용이 적혀 있었어. 다윈은 망설임 없이 자신의 꿈을 위해 그 제안을 수락했고 어렵사리 아버지의 승낙을 받았어.

영국 왕립 해군의 군함 비글호(1890년 삽화)

비글호는 무게가 27톤인 작은 군함인데, '비글(Beagle)'이라는 단어는 토끼 사냥에 데리고 다니던 작은 사냥개 품종을 의미해. 다윈과 그의 아버지는 이름의 의미와 배의 크기 때문에 '비글호로 세계를 항해할 수 있을까?' 하고 같이 걱정을 했어. 항해 승무원들은 외부인인 다윈이 비글호에 타는 걸 탐탁지 않아 했지. 하지만 새롭게 선장 직을 맡은 피츠로이 선장에게 말동무를 해줄 누군가가 간절히 필요한 상황이었기 때문에 선원들의 반대에도 다윈은 무사히 비글호에 오를 수 있었어.

역사적인 항해

다윈은 그의 나이 22세에 역사에 길이 남을 위대한 항해를 시작한다는 꿈에 부풀어 있었어. 1831년 10월에 출발하기로 한 비글호는 두 번 출항이 미뤄지다가 같은 해 12월 27일, 드디어 긴 항해를 시작했어. 다윈은 뱃멀미가 심해 물기가 있는 걸 먹으면 다 게워냈어. 건포도와 비스킷 같은 것들을 먹으며 며칠 동안은 갑판에 나오지도 못했지. 그래도 멀미가

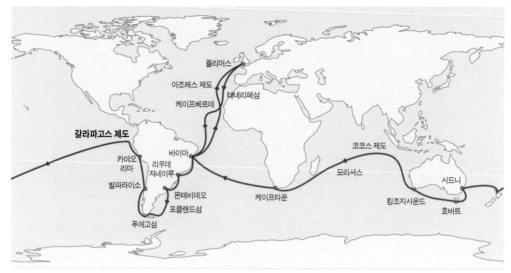

비글호의 항해 경로

가라앉으면 부지런히 갑판으로 나와 바다 생물을 채집했어. 채집한 생물을 그리는 실력과 해부학 지식은 부족했지만 나중에는 그런 자료들도 다윈의 이론을 정립하는 데 많은 도움이 되었어. 다윈은 보고 들은 모든 것들을 자세하게 항해기에 기록하는 한편, 기록이 끝난 자료들은 영국으로 보내서 자료를 잃어버리는 일이 없도록 조심했지.

나는 항해 기간 동안 두 가지 이유로 열심히 작업에 임했다. 그것은 첫째, 연구가 즐거웠기 때문이고 둘째는 자연과학의 많은 사실들에 조금이라도 새로운 사실을 보태고 싶다는 강한 욕구가 있었기 때문이다. 그러나 나에게는 과학자들 사이에서 높은 위치를 차지하고 싶다는 야심도 있었다.

다윈의 자서전 『나의 삶은 서서히 진화해왔다』 중

영국에서 출발해 유럽을 지나 처음 도달한 곳은 케이프베르데(Cape

Verde)야. 아프리카 세네갈 앞바다에 있는 군도로서 지금은 한 나라로 독립되어 있는 섬이지. 다윈은 이 섬에 3주간 머물면서 동식물을 비롯해 지층 등을 발견하며 너무나 기뻐했어. 땅을 밟을 수 있으니 멀미로부터도 해방되고, 처음으로 이국의 땅에서 수집 활동을 하게 되었으니 말이야. 다윈은 그곳에서 여러 지점의 바위의 특성과 화석들을 살펴보면서 지질 탐사 활동을 벌였어.

다윈은 여러 자료들을 기록하고 추론하고 예측하면서 전체적인 지질구조를 파악했어. 그는 이렇게 탐구하고 깊이 사고하는 일이 진심으로 즐거웠어. 비록 몸은 배라는 한정된 공간에 갇혀 있었지만 정신은 깨달음의 기쁨 속에서 또 다른 '사고의 항해'를 하고 있었지. 사냥질에만 관심 있던 철딱서니 '한량 다윈'에서 '과학자 다윈'으로 '진화'하고 있었던 거야.

내가 생각했거나 읽은 것들은 내가 본 것이나 볼 것들과 바로 연결되었다. 이런 사고 습관은 항해를 하던 5년 내내 지속되었다. 이런 훈련이야말로 내가 과학사에 업적을 남길 수 있도록 가장 근본적인 도움을 준 것이라고 확신한다.

다윈의 자서전 『나의 삶은 서서히 진화해왔다』 중

이후 비글호는 아프리카 대륙을 떠나 해류를 타고 남아메리카 대륙으로 향했어. 여기에서는 바이아(Bahia), 리우데자네이루(Rio de Janeiro) 등 대륙 동쪽 해안의 항구들을 따라 남쪽으로 푸에고섬까지 내려갔지. 섬에 도착한 다윈은 푸에고인들이 자신의 모든 행동을 따라 하는 것에 무척 신기해했어. 그리고 피츠로이 선장이 3명의 푸에고인들을 붙잡아 수년간 문명화 교육을 시킨 적이 있었는데 그들을 원래 살던 땅에 풀어주었을 때 바로 영국식 생활방식을 벗어던지고 원주민의 삶으로 되돌아가는 것을 보고, '인간은 환경에 따라 적응하며 진화된 기능을 갖거나 퇴화한다'는 아이디어를 얻게 되었어. 먹을 것이 풍부한 푸에고인들에게 문명화된 생활 방식은 필요가 없었던 거지. 이렇게 남아메리카에서 낯선 문화를 접한 다윈은 이때부터 사람의 성격과 문화에 대한 연구도 같이 하기 시작했어.

갈라파고스 제도

항해를 시작한 지 2년 되던 때인 1834년 6월 1일, 비글호는 드디어 남아메리카 최남단 케이프혼(Cape horn, 혼곶)을 지나서 태평양에 진입하게 되었어. 이듬해에는 남아메리카 대륙 서쪽 해안을 따라 올라가 대망의 '갈라파고스 제도(Galapagos islands)'에 닿았지. 제도(또는 군도)라는 것은 여러 개의 섬이 모여 있다는 뜻이야. 갈라파고스 제도는 에콰도르 해안으로

섬 사이가 멀리 떨어져 있는 갈라파고스 제도

부터 서쪽으로 약 1000킬로미터 떨어져 있는 19개의 화산섬들로 이루어져 있고, 2000여 개의 분화구가 있어.

다윈은 갈라파고스 제도에 5주 동안 머물면서 많은 표본을 모았어. 갈라파고스는 적도 부근에 있는 섬이기 때문에 바람이 불지 않을 때는 화씨 137도(섭씨 60도)까지 올라가서 사람들을 숨막히게 만들었지. 하지만 섬에는 이제껏 보지 못한 다양한 동식물 종들이 있었고, 동물이 사람을 전혀 겁내지 않았던 탓에 지팡이만으로도 어렵지 않게 표본을 모을 수 있었어.

섬에 사는 사람들은 2미터가 넘는 거북을 주 식량으로 먹었는데 거북의 가슴 부위 고기는 맛이 있었지만 다른 부위는 다윈 입맛에 맞지 않았어. 어느 날 다윈은 지역의 부총독인 로슨과 같이 식사를 하면서 거북 등껍질의 모양이 섬마다 다르다는 사실을 듣게 되었고, 이 이야기로부터 진화에 대한 중요한 힌트를 얻게 되지.

갈라파고스 제도에만 사는 갈라파고스땅거북

갈라파고스 제도에 있는 동안 다윈은 모양이 다른 부리를 가진 새들을 보며 '하느님이 서로 다른 모든 종들을 창조하였다면, 이 작은 섬들에서 이렇게 다양한 종들이 생기게 된 이유는 무엇일까?'라는 의문을 가졌어. 이 의문은 이후 영국으로 돌아와 자연선택에 의한 진화론을 연구하면서 풀리게 되지.

마침내 고향으로

1836년 1월 12일, 비글호는 오스트레일리아의 시드니에 도착했고 이곳에서 다윈은 오리너구리, 캥거루쥐 등의 생물을 관찰했어. 이후 비글호는 인도양의 모리셔스와 희망봉(Cape of Good Hope)을 지나 영국으로 향했어. 다윈은 향수병에 걸려 바다와 배를 보는 것을 지겨워했고, 이젠 제발 고국인 영국으로 돌아가길 원했지. 영국으로 돌아온 뒤에는 살아생전 다시는 고향 땅을 떠나지 않았다고 해. 5년 정도 여행하면 지겨울 만도 하겠지?

긴 항해 기간 동안 다윈은 다양한 지질과 동식물에 대해 일일이 기록했어. 항해 중에 일어났던 일들은 빠지지 않고 적어두었지. 일설에 따르면 다윈은 파도에 흔들리는 선체 안에서도 현미경으로 들여다보고 해부하고 연구하는 일을 하루도 쉬지 않았다고 해. 다윈의 성실성 하나만큼은 정말 대단한 것 같아.

: 연구 성과 :

1836년 10월 2일, 다윈은 마침내 고국인 영국으로 돌아왔어. 2년으로 계획되었던 항해는 5년이 걸렸지만 그 긴 기간 동안 다윈은 나이만 먹은 게 아니라 생각 또한 완전히 바뀌어서 돌아왔어. 광활한 바다와 끝이 보이지 않는 고원을 탐험하면서 상상력

약 1만 년 전에 멸종한 글립토돈

을 발휘해 깊이 사고하고 자신의 생각을 정리할 수 있었지.

　귀국한 다윈은 생물학자로서보다는 먼저 지질학자로서 명성을 얻었어. 헨슬로 교수가, 다윈이 항해 중에 보낸 자료와 편지를 정리해 학계에 발표해준 덕분이었지. 다윈은 자신의 표본과 화석을 에든버러 의과대학에 다니는 리처드 오언(Richard Owen)과 함께 정리하며 글립토돈과 같은 고생물을 학계에 소개해, 생물학자로서의 명성도 차근차근 쌓아갔어.

　내가 거둔 성공에 가장 큰 영향을 끼친 것은 과학에 대한 사랑이었다. 사실을 관찰하고 수집하는 이 분야에서 주제가 하나 생기면 오랜 시간 동안 참을 수 있는 인내심이 필요했으며, 상식뿐만 아니라 어느 정도의 창의성도 필요했다.

다윈의 자서전 『나의 삶은 서서히 진화해왔다』 중

자연선택에 의한 진화론의 탄생

핀치 새: 결정적 아이디어

　1837년, 다윈은 비글호를 타면서 관찰했던 지질학 및 생물학에 관한 연구 내용을 발표했어. 이후 계속해서 표본들을 정리하던 다윈은 한 가지 중요한 사실을 알게 됐어. 동정(同定, 생물 종의 분류학상의 명칭을 정하는 일)하는 과정에서 찌르레기, 콩새 등 서로 다른 종으로 분류했던 13종의 새들이 모두 같은 종인 핀치 새라는 것이었어. 핀치 새의 부리가 크고 굵은 것에서부터 작고 가는 것에 이르기까지 다양했고, 각각 다른 먹이를 먹었기

섬마다 서로 다른 부리 모양으로 진화한 갈라파고스핀치들
1 씨앗을 먹는 핀치 **2** 열매를 먹는 핀치
3 곤충을 먹는 핀치 **4** 구멍 속 곤충을 먹는 핀치

때문에 다른 종인 줄로 착각했던 거지. 예를 들어 크고 굵은 부리를 가진 핀치 새는 씨앗이나 열매를 깨서 먹지만, 작고 가는 부리를 가진 핀치 새는 주로 곤충을 잡아먹거든. 이렇게 서로 달라 보이는 새들이 같은 종이라는 사실을 알게 되면서 다윈은 자연선택에 의한 진화론의 결정적인 아이디어를 얻게 돼. 그리고 상상력을 발휘한 결과 '이 새들은 처음부터 다르게 창조된 존재가 아니라 하나의 종이 어떤 환경에 의해서 자연적, 단계적으로 변형되어 다른 종이 된 것이다'라는 결론에 이르게 되지.

과거 지구의 생명체들은 자신들이 존재하는 이유를 까맣게 모른 채 살았다. 그랬던 세월이 30억 년 넘게 흐르고서야, 마침내 한 생명체의 머릿속에 그 진실이 떠올랐다. 그 생명체의 이름은 찰스 다윈이었다.

리처드 도킨스의 『이기적 유전자』중

주요 논거들

다윈은 비글호 항해에서 돌아온 이듬해인 1837년에『종의 기원』을 저술하기 시작했어. 하지만 진화론에 대한 교회와 학계의 반대를 몹시 두려워했지. 자신에게 지지를 보내던 학자들 대부분이 하느님이 종을 창조했다고 믿는 창조론자였기 때문이야. 결국 다윈은 20여 년 뒤 윌리스가 자신과 비슷한 이론을 발표하기 직전까지 이 원고의 논문 게재를 미루었어. 사회가 자신의 이론을 받아들일 준비가 되고 충분한 논거가 마련될 때까지 기다렸다고 볼 수도 있지.

다윈이 제시했던 주요 논거의 하나로 '흔적기관(vestigial organ)'을 들 수 있어. 예를 들어 살라만드라 아트라(Salamandra atra)는 원래 높은 산에서 살아가는 난태생 도롱뇽으로 아가미가 없어. 하지만 새끼를 밴 암컷을 해부해보면 새끼는 아가미를 가지고 있고 물속에서 헤엄을 치며 돌아다닐 수 있어. 이렇게 생물의 기관 가운데 현재는 별 쓸모 없이 흔적만 남아 있는 부분은 생물이 더욱 발달된 형태로 진화하는 과정에서 나온 산물로 흔적기관이라고 일컬어. 흔적기관은 세상 만물이 처음부터 완벽하게 창조되었다고 믿는 창조론으로는 설명이 안 되는 부분이지.

흔적기관이 있는 살라만드라 아트라

수많은 변이를 보여준 따개비

다윈은 자신의 진화 이론 체계를 더 완벽히 구축하기 위해 따개비의 형태 변이(같은 종에서 모양과 성질이 다른 특성을 가진 개체가 나오는 현상)에 대해서도 연구했는데, 장장 8년에 걸쳐 이루어졌다고 해. 그는 암수한몸 종의 따개비를 조사한 끝에 이 종이 알아차리기 힘들 만큼 아주 미세한 변화의 단계를 거치면서 양성의 종으로 진화한다는 사실을 알아냈어. 즉 수컷 생식기를 가진 수컷 따개비와 수컷 생식기가 퇴화된 암컷 따개비로 분리되어 진화한다는 것이었지. 이 발견은 종이 영원히 변하지 않는 절대적인 존재가 아니라 끊임없이 변화할 수 있다는 사실을 확인시켜 주었어.

『종의 기원』 저술

다윈의 청년 시절 초상화

다윈은 1839년 30세의 나이에 『비글호 항해기』를 출간하고 왕립학회 회원이 되었어. 이 모임은 영국의 저명한 학자들의 모임이자 자금을 받을 수 있는 경로이기도 했지. 다윈은 그 당시 이미 『종의 기원』에 대한 초안을 완성하고 '생존경쟁', '자연선택' 등의 개념을 확립한 상태였어. 1842년부터는 비글호에서 얻은 표본들을 본격적으로 정리하면서 귀납적으로 수많은 자기만의 아이디어를 이끌어냈어. 특히 동물들이 각각 다른 자연환경에 적응하는 전략은 단지 한 개체만의 생각과 의지만으로 생길 수 없고 '동물 종의 진화'라는 차원에서 서서히 일어났을 것으로 추론하게 되었지. 그리고 '선택'이라는 '자연'의 전략이 사용된 결과 새로운 종이 만들어진다는 '자연선택설'의 개념을 처음 생각해내게 돼.

이 원리는 맬서스(Malthus)의 『인구론』이라는 책에서 생존투쟁에 대한 내용을 읽다가 갑자기 떠오른 생각이었어. 동물들은 살아남는 수보다 더 많은 수의 자손을 낳고, 그 자손들은 계속해서 영토와 먹이를 위해 경쟁하며 살아 나가지. 이 과정에서 살아남기 유리한 변이를 가진 자손은 보존되고 불리한 변이를 가진 자손은 사라지면서 새로운 종이 만들어지는 거야. 다윈의 이 같은 아이디어들은 초기에는 33쪽 정도의 분량에 불과했지만 계속 쌓여 230쪽에 이르는 방대한 분량으로 늘어났고 내용도 더욱 정교해졌어.

다윈이 『종의 기원』을 통해 이룬 가장 큰 성과는 자연선택에 의한 진화 과정을 과학적인 증거를 통해 증명했다는 거야. 그 결과, 항해에서 수집한 자료들을 연구하여 '자연선택에 의한 진화설'에 대한 아이디어를 얻었고, 인류도 자연선택의 결과로 만들어진 종일뿐이라는 결론을 내리게 된 거지.

하지만 이처럼 자연선택에 대한 명백한 증거를 생물학적, 지질학적으로 수집해놓고도 다윈은 주위의 눈치를 볼 수밖에 없었어. 동료 학자인 후커(Hooker)에게 쓴 편지에서 "살인을 고백하는 마음으로 자연선택설을 주장한다"라고 적은 것만 보아도 그 당시 사회 분위기가 다윈의 진화론에 얼마나 부정적이었는지 유추해볼 수 있지. 주변의 압박 때문에 스스로 옳다고 생각하는 이론을 떳떳이 발표하는 데 주저한 걸 보면 좀 소심한 성격이었을 거라는 생각도 들어. 그 탓이었을까? 항해 후 다윈은 심장병과 공황장애가 심해져 몸이 아픈 가운데 연구를 진행해야 했고, 41세가 되던 1842년에 런던에서 20여 킬로미터 떨어진 다운(Downe)이라는 시골 마을로 들어가 살게 돼. 세상은 그의 이론으로 시끌벅적했지만 정작 본인은 40년 동안 이 시골 마을의 '다운 하우스'에서 조용히 연구하며 여생을 보내지.

 ## 다양한 분야에서의 성과

다윈은 생물학 외에도 지질학, 광물학, 심리학을 비롯한 여러 다른 학문 분야를 두루두루 연구했어. 지질학에서는 거대한 땅이 가라앉는 과정에서 둥근 모양으로 산호초가 떠오르는 현상을 학계에 보고하기도 했지. 또한 1872년에는 『감정의 표현』이라는 책을 저술해서 '심리학의 대가'로 불리기도 했어. 다윈은 이 책을 통해 찰스 벨(Charles Bell)이라는 학자가 주장한 "인류만이 감정을 전달할 수 있는 능력이 있다"는 주장을 반박하

다윈의 책 『감정의 표현』에 실린 사진들

고자 했어. 예를 들어 '이마 찌푸리기'와 같은 불쾌감의 표현은 동물적 행동이 남아 있는 감정이라 주장했던 거야. 생물학자가 갑자기 심리학에 관심을 가진 것이 의외의 일로도 보이겠지만, 다방면에 걸쳐 호기심을 가졌던 레오나르도 다빈치(Leonardo da Vinci)나 다산 정약용처럼 다윈도 세상 모든 것에 관심을 가지고 평생 연구하며 살았던 것 같아.

내가 가진, 과학자로서 성공하기 위한 심리적 특성은 새로운 것이나 불가사의한 것에 대해 애정과 호기심을 가지고 그 의미를 밝히고자 하는 성실성을 들 수 있다.

프랜시스 골턴이 다윈에게 받았던 설문지 중

: 생물학계에 미친 영향 :

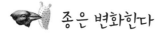 ## 종은 변화한다

비글호 항해에서 돌아와서 연구를 이어간 지 20년이 되던 해인 1858년, 다윈에게 알프레드 러셀 월리스(Alfred Russel Wallace)로부터 충격적인 논문이 배달됐어. 월리스가 자신과 거의 유사한 생각을 적은 논문인 「원형에서 일정하지 않게 벗어나려는 변종의 경향에 대하여On the Tendency of Species to form Varieties」를 곧 발표할 예정이었던 거야. 월리스는 브라

1854년, 스튜디오에서 찍은 다윈의 사진

질에서 연구하고 4년간 표본을 모았지만, 영국으로 돌아가던 배가 침몰하면서 자료를 모두 잃은 불운한 학자였어. 하지만 포기하지 않고 인도네시아로 가서 또 다시 처음부터 8년 동안 표본을 수집하여 다윈과 비슷한 새로운 종 탄생의 원리를 발견했던 거지. 그리고 그 생각을 정리해서 논문으로 투고하려던 찰나, 평소 존경하던 다윈에게 먼저 보낸 거였어.

다윈은 자신의 이론이 불러일으킬 파장과 교회와의 대립을 예상하였기에 죽은 뒤에 자기 논문이 출판되기를 원했지만, 이제 선수를 빼앗길 상황에서 느긋하게 기다릴 수만은 없었어. 그렇다고 조언을 구하며 초고를 보내 온 월리스를 뒤로하고 자기가 먼저 발표하는 것은 학계의 예의가 아니었지.

월리스의 논문 발표일과 같은 날인 1858년 7월 1일, 다윈은 「자연선택에 의한 종과 변이의 영속성」이란 제목의 논문을 린네 학회(Linnean Society)에서 발표하게 돼. 하지만 다윈이 걱정했던, 논문이 불러일으킬 파장은 바로 일어나지 않았어. 논문 발표장에서는 다윈의 논문이 거의 주목을 받지도 못했거든. 새로운 이론을 대중에게 설명하기 위해서는 논문이 아닌 더 친절한 방식이 필요했던 거야. 그래서 1858년 9월에 다윈은 자신의 논문을 바탕으로 원고를 작성하였고, 50세가 되던 1859년 11월 24일, 마침내 『종의 기원On The Origin of Species by Means of Natural Selection』이라는 책을 출판했어.

다윈의 이론이 대중에게 소개되자 바로 이슈화되고 초판 1250부가 다 팔렸어. 개정판인 3000부도 불티나게 팔린 뒤 총 6판까지 인쇄가 됐지. 판을 거듭해 인쇄할 때마다 사람들의 비평에 대한 논박을 달아서 보충했고, 6판에는 처음으로 '진화'라는 단어를 쓰기 시작했어. 다윈의 책을 통해 종이 변화한다는 사실을 접한 학자들과 대중은 인간도 진화하는 중에 불과하다는 생각을 자연스럽게 하게 됐지.

다윈의 책 『종의 기원』 초판본 속표지

창조론자들과의 갈등

다윈은 자신의 이론을 두고 논쟁이 일어나길 바라지 않았지만, 『종의 기원』이 발표된 이듬해 영국 과학발전협회 회의에서 다윈의 진화론을 두고 격렬한 논쟁이 벌어졌어. 무신론자들이나 회의주의자들은 다윈의 이론이 신선하다는 의견을 내놓았고, 종교인들은 기겁하며 반대했지. 그래도 종교인들 가운데 깨어 있는 사람들은 다윈의 자연선택 과정도 신의 섭리 과정이라는 견해를 내놓기도 했어. 예를 들어 작가인 찰스 킹즐리(Charles Kingsley)는 "생물이 필요에 따라 스스로 변할 수 있도록 창조된 것 또한 하느님의 뜻이다"라는 말을 하여 창조의 원리에 따라 자연선택이 일어난다고 주장했어. 다윈도 이러한 언급을 개정판에 실어서 논쟁을 누그러뜨리려고 노력했지. 또한 옥스퍼드대학교 교수들이 포함된 7명의 자

〈호넷〉에 실린 다윈 얼굴의 원숭이

유 성직자들은 다윈의 이론을 지지했는데, 이 때문에 옥스퍼드 주교인 사무엘 윌버포스(Samuel Wilberforce)로부터 '그리스도를 거역한 일곱 명'으로 낙인 찍히기도 했지. 다윈의 진화론을 두고 벌어진 열띤 논쟁은 출판 후 5년 동안 식을 줄 몰랐어.

다윈의 주장이 교회의 반발을 샀던 데에는 몇 가지 이유가 있었어. 교회에서는 하느님의 모습대로 사람을 만들었다는 성경 구절을 강조하는데, 다윈의 주장처럼 인류가 원숭이로부터 나온 종이라면 하느님이 원숭이의 모습을 닮았다는 말이 되잖아. 또 종이라는 것이 자연선택에 의해 변화하는 불완전한 것이라면 그 종을 만든 하느님도 불완전한 존재라는 뜻이니 신성모독이 되는 것이었지. 당시 다윈의 주장을 접한 사회의 반응은 차가웠어. 풍자적 잡지인 〈호넷〉에서는 다윈의 얼굴을 한 원숭이 그림을 실었고, 〈영국 계간 비평〉에서는 원숭이가 영국 여인에게 청혼하는 날이 올 거라며 비아냥거렸지.

다윈의 책이 수많은 번역본으로 전 세계에 뿌려지는 가운데, 대중의 논의도 커져만 갔어. 다윈은 이 논란에 종지부를 찍고자 1871년, 드디어 인간에 대한 언급을 직접 적은『인류의 유래와 성 선택』이라는 책을 펴냈어. 여기에서 인간과 개의 배아의 유사성에 대한 언급을 통해 인간과 개는 결국 한 조상에서 나타난 종이라는 증거를 제시했고, 자연선택과 또 다른 선택인 '성 선택'에 대해 이야기했지.

'성 선택'이란, 수컷이 번식하기 위해 암컷을 차지하는 과정에서 일어나

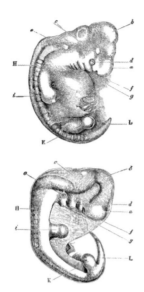

↑ 성 선택 과정에서 나타난 수사자의 갈퀴
⋯ 다윈이 자신의 책에서 언급한 인간과 개의 배아의 유사성

는 자연선택을 말해. 선택된 수컷은 다른 수컷에 비해 좀 더 유리한 특징이나 무기를 가지고 있으며 이를 자손에게 전달할 수 있어. 예를 들어 수사자의 갈기는 수컷끼리 서로 싸울 때 목덜미를 보호하기 위해서 존재하는데 이 갈기가 클수록 목덜미를 더 잘 보호할 수 있기 때문에 암컷을 차지하는 데 도움이 된다는 것이지.

60대가 된 다윈은 아들 조지 다윈(George Darwin)에게 『종의 기원』 개정판의 책임을 맡긴 채 다른 연구를 하며 지냈어. 덩이줄기 식물에 관해서 연구하기도 하고, 식충식물이 동물의 초기 신경물질을 가졌는지에 대한 연구도 했지. 1881년 72세가 되던 해에도 『지렁이의 활동에 의한 식물성 토양의 생성』이라는 책을 썼지. 그렇지만 그해에 어려서부터 따랐던 친형 에라스무스(할아버지와 이름이 같다)를 잃은 뒤 갑자기 병세가 악화된 다원은 1882년 4월 19일 73세의 나이로 자신을 평생 따뜻하게 대해준 아내 에마의 품속에서 조용히 세상을 떠났어.

영국의회에서는 나라에 훌륭한 업적을 남긴 사람이 묻히는 웨스트민스터 성당에서 다윈의 장례를 지내기로 하지. 그리고 4월 26일, 다윈은 대과학자 뉴턴 옆에 나란히 묻히게 돼. 일부 사람들의 비난과 지병으로 고통 당하긴 했지만 평생 자기가 하고 싶은 연구를 하고 사랑하는 사람과 죽을 때까지 여생을 보낸 것을 보면, 다윈이 학자로서 대단히 행복한 생을 보냈다고 생각해.

: 우리 삶에 미친 영향 :

 ## 새로운 자연관

우리는 다윈이 진화론을 처음 밝힌 것으로 알고 있지만, 이것은 잘못 알고 있는 사실이야. 진화론은 다윈의 시대에 이미 존재했고, 실제로 다윈의 할아버지인 에라스무스 다윈(Erasmus Darwin)도 알고 있었지. 그런데 다윈의 진화론은 기존의 이론들과 달리 '자연선택'이라는 명백한 근거를 가지고 진화를 설명했어. 즉 생물 개체는 같은 종이라도 환경에 적응하여 여러 가지 변이(變異)가 이루어지는데, 그중에서도 생존과 번식에 유리한 변이를 한 종들만 선택이 되어 자손이 남는다는 것이지. 그러니까 엄밀히 말하면 다윈은 '진화론의 창시자'라기보다 '자연선택에 의한 진화론의 창시자'라고 할 수 있어.

어떤 종이든 많은 자손을 낳지만 그중에서 아주 적은 수만이 존속할 수 있는데, 아무리 경미한 변이라도 그 종을 보존하는 데 쓸모 있는 경우라면 '자연선택의 원리'가 적용되고 있는 것이다.

다윈의 『종의 기원』 중

여기에서 다윈이 말하는 '진화'라는 것은 단지 겉모습이 변한다고 되는 건 아니야. 개체 본래의 형태가 변하여 달라지는 것을 '변태(탈바꿈)'라고 하는데 알에서 애벌레로, 번데기에서 다시 나비가 되는 것을 예로 들 수 있지. 키가 크고 모습이 변하는 것은 '성장'이라고 해. 진화는 이러한 변태나 성상과는 다른 개념이야.

'진화'라는 것은 개체들이 모인 집단의 유전적 변화를 이야기해. 예를 들어보자. 들판을 달리는 '말' 있지? 이 말들도 옛날에는 종류가 많았을 거야. 빠른 말, 보통 말, 느린 말 등등. 어떻게 알 수 있냐고? 먼저 생물들은 환경이 받아들일 수 있는 정도보다 더 많은 후손을 낳으려는 경향이 있고, 통계학적으로도 개체들의 특성이 정규분포곡선(좌우 대칭의 종 모양을 한 분포 곡선)을 따르는 경향이 있어. 그래서 언제나 상대적으로 느린 말들이 존재하기 마련이지. 그런데 이 말들 중에 맹수에게 잡아먹히는 말들은 주로 어떤 말일까? 당연히 느린 말이겠지? 그렇다고 잡아먹히는 말들이 엄청 느린 것은 아니야. 단지 한 발짝 차이로 느린 말들이 잡아먹히는 것이지.

한두 마리가 잡아먹히고 끝난다면 개체 전체의 유전적인 변화가 일어나지 않겠지만, 이렇게 잡아먹히는 과정이 몇만 년, 몇백만 년 동안 반복해서 일어난다면 어떻게 될까? 자연적으로 빠르게 달리는 유전적 특징을 가진 말들만 살아남고, 점점 말 전체가 빠르게 달리는 특성을 갖게 되겠지? 이러한 전체 집단의 유전적 변화가 바로 '진화'이고, 이 과정에서 자연이 생존에 유리한 형질을 가진 개체들을 선택하는 '자연선택'이 일어난다는 거지. 다윈은 '자연선택설'을 통해 오늘날의 동식물이 수백만 년에 걸쳐 '진화'하면서 지금의 모습으로 변해왔음을 과학적으로 증명한 거야.

> 강한 종이나 가장 똑똑한 종이 살아남는 것이 아니다. 변화에 가장 잘 적응(adaptable)할 수 있는 종이 살아남는 것이다.
>
> 다윈의 『종의 기원』 중

 ## 인류에 대한 인식

1837년, 다윈은 '종에 관한 문제'를 정리하던 연구 노트에 특별한 그림을 하나 그렸어. 바로 '생명의 나무(tree of life)'라는 계통수야. 모든 생물 종의 내력과 혈연관계를 한눈에 보여주는 그림으로, 한 종에서 여러 종이 분화되어 나가는 과정을 나뭇가지 모양으로 표현했지. 가로축인 대문자 알파벳은 종을 나타내고 세로축의 로마 숫자는 지층의 종류를 의미해.

각각의 '종'을 소문자로 표현했는데, 이들이 세로로 묶여 하나의 '속'이 되고 속이 여러 개가 모여 '과'가 되는 거야. 예를 들어 지층 14(XIV)에 있는 a14라는 종은 a10, a9 등과 같은 속이 되고, a부터 f까지는(a14, q14,

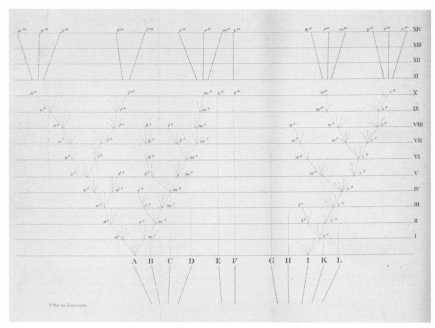

『종의 기원』에 삽화로는 유일하게 실린 '생명의 나무'

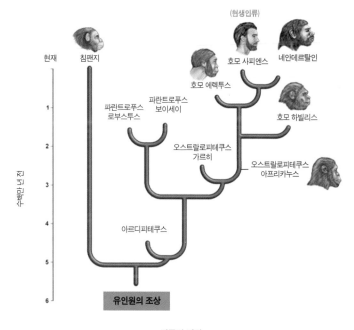

인류의 진화

p14, b14, f14) 다섯 개의 '속'이 모인 '과'가 되는 거지. 그리고 F14 같은 경우는 지층1(I)부터 지층 14(XIV)까지 마치 살아 있는 화석처럼 변화가 거의 일어나지 않은 채로 생존해왔음을 뜻해.

다윈의 계통수 그림이 시사하는 중요한 점은 인류가 하느님에 의해 따로 만들어진 특별한 종이 아니라는 거야. 즉 인류는 만물의 영장도 아니고 진화의 최정점에 있는 종도 아닌, 단지 '생명의 나무'에서 한 가지(branch)를 차지하는 생물 종에 불과할 뿐이라는 것이지. 인류가 원숭이와 유인원으로부터 내려오는 연속된 진화 과정에서 생겨난 종임을 증명한 것은 다윈의 대단한 발견이라고 볼 수 있어. 그의 주장이 인류라는 종에 대한 커다란 패러다임(인식)의 변화를 가져온 거야.

생물 종의 다양성

왜 종들은 환경이 수용할 수 있는 것보다 더 많고 다양한 후손들이 생기도록 진화해왔을까? 그 이유는 시시각각 변하는 자연에서 살아남기 위해서라고 할 수 있어. 앞에서 이야기한 것처럼 '말'은 주로 느리게 달리는 말들이 잡아먹히면서 종의 특성이 점점 빨라지도록 진화해왔어. 하지만 만약 상황이 바뀌어서 포식자들이 빠르게 달리는 말을 더 선호한다면 어떻게 될까? 빠른 말들만 잡아먹히는 상황이 된다면 말의 종 특성은 점점 느리게 달리는 쪽으로 진화의 방향이 바뀌겠지? 가정일 뿐이지만 변화무쌍한 자연에서 종들이 살아남기 위해서는 최대한 다양한 특성을 가진 종이 많이 번식하도록 해야 효율적일 거야.

인간도 마찬가지라고 할 수 있어. 지구상에서 완전히 유전적으로 똑같은 사람은 일란성 쌍둥이밖에 없고 대부분의 사람은 서로 다른 조합의 유전자를 지니고 있어. 한 명도 똑같은 사람이 없도록 다양한 특성을 가지게 된 것도 인간이라는 종이 살아남기 위해 쓰는 전략이라 할 수 있지.

사회적 다윈주의와 과학 윤리

다윈의 진화론은 19세기에 과학 혁명을 일으켜 인류에 크게 기여했지만, 반대로 사회적 다윈주의자들에 의해 잘못 사용되기도 했어. 사회적 다윈주의란 다윈의 자연선택, 생존경쟁의 원리를 인간 사회 문제에까지 적용한 이론이야. 사회적 다윈주의자들의 논리에 따르면 사회적 강자가 약자를 착취하는 것은 생존경쟁에 의한 것이므로 제국주의 열강들의 식민 지배는 정당한 것이 됐지.

사회적 다윈주의를 바탕으로 제2차 세계대전 당시에는 '우생학'이라는 학문이 발달했는데, 나치에 의해 행해졌던 '게르만 인종 우월주의'의 근거를 제공했어. 그 결과, 장애가 있는 사람들은 아기를 낳는 것이 불법화되거나, 억지로 게르만 혈통을 가진 아기를 남기기 위한 인종 선별 정책인 '생명의 샘' 프로젝트가 실행되기도 했지.

그런데 이러한 사회적 다윈주의의 주장들은 유전적으로 보면 커다란 모순이 있어. 우리 개인들 각각의 생물학적 차이는 몇 퍼센트 정도 될까? 유전적으로 보면 99.99퍼센트가 모든 사람이 일치하고 나머지 0.01퍼센트만 달라서 외모와 성격 등이 규정돼. 결국 장애인이나 비장애인이나 0.01퍼센트밖에 차이가 안 나는 거야. 그런데도 같은 종끼리 장애 유무나 피부색을 가지고 차별하니 정말 어이없는 주장이 아닐 수 없지?

또한 종들을 열등한 종과 우수한 종으로 분류하는 행위는 생물학적인 관점으로 보면 지극히 주관적이고 비과학적인 주장밖에 안 돼. 오히려 유전적으로 다른 점을 가지고 있는 개체들은 종 차원에서 보면 생존을 위해 반드시 필요한 존재들이라고 볼 수 있어. 다윈도 "진화의 결과, 생명들 사이에 계급이 생기는 것이 아니라 다양성이 증가할 뿐이다"라고 이야기한 것을 보면 사회적 다원주의자들이 다윈의 이름을 들먹이며 자기들의 차별 행위를 정당화했다고밖에 볼 수 없어.

어느 것을 종으로 분류하고 어느 것을 변종으로 분류할 것인지 결정하는 데는 개인적 의견 말고는 유력한 표준은 아무것도 없다.

다윈의 『종의 기원』 중

그런데 결과적으로는 이러한 차별에 다윈의 이론이 쓰였으니, 그에 대한 책임이 다윈에게도 어느 정도 있다는 주장에 대해서는 어떻게 생각하니? 과학이 크게 발달하면서 사회에 막대한 영향을 미치는 원자폭탄이나 생명복제와 같은 첨예한 과학 윤리 문제들이 등장했는데 과연 과학자들에게 자신의 연구 결과를 발표하기 전에 윤리적 판단을 미리 해야 할 의무가 있는 것일까?

공자는 『논어』에서 "명분이 바르지 않으면 말도 순리에 맞지 않는다(명불정즉언불순 名不正則言不順)"고 말했어. 어쨌든 잘못된 방향으로 쓰일 경우

인류에 해가 될 것 같은 연구 결과는 신중하게 접근할 필요가 있다고 생각해. 과학자들도 자신의 연구에 따른 윤리적 결과를 한 번쯤은 의심해볼 필요가 있는 것이지.

습성의 유전

동물의 습성(버릇이 된 성질)은 과연 유전될 수 있을까? 다윈은 동물의 습성이 자연선택에 의해서 유전되거나 도태된다고 보았어. 그 예로 인간을 잘 따르는 습성을 가진 개를 들었는데, 인간을 사랑하고 따르는 습성을 가진 개들만 살아남고 야생의 버릇이 고쳐지지 않은 개들은 버려지거나 죽임을 당해 도태되었다고 설명했어. 바다의 잔인한 포식자 범고래가 대량 학살을 당한 이후 100년 동안 인간을 공격하지 않은 것도 그 예로 들 수 있지.

그렇다면 인간의 습성도 유전될 수 있을까? 다윈은 교육을 통해 인간의 습성도 유전될 수 있다고 보았어. 예를 들어 인간의 동정심이라는 본능적 습성이 집단의 도덕적 행동 지침으로 자리 잡는다면 사회 안에서 계속해서 유전될 수 있다고 했어. 동정심이 많은 사람들은 자신을 희생해서라도 다른 사람을 구하려 하기 때문에 자손을 남기지 못하고 죽는 경우가 많아. 따라서 동정심에 대해 어떤 교육도 이루어지지 않는다면 결국 자연선택에 의해 차가운 마음을 가진 이기적인 자들의 자식들만 많아지게 될 거야. 하지만 동정심을 갖고 자기 동료를 위해 희생하는 사람들이 영웅으로 추앙받고 그 자식들도 사회에서 책임지는 분위기가 만들어진다면 전혀 다른 결과가 나오겠지. 이러한 교육과 분위기를 통해 동정심이라는 도덕적 습성이 사회에서 유전될 수 있는 거야. 그렇다면 우리 인간 사회에 유전되어야 할 바람직한 습성에는 또 어떤 것들이 있을까?

과학 이론과 사회

다윈이 살던 시대는 산업화 태동의 시기였고, 운 좋게도 다윈은 산업화의 중심지인 영국에 있었어. 당시 영국에서는 차티스트운동 등 기존 세력에 저항하고 서민들이 권리를 찾으려는 사회적 움직임이 일어나고 있었지. 그때의 종교는 기존 세력이었다고 볼 수 있는데, 다윈의 이론은 기독교적 교리와 대치된다는 점에서 기존 세력에 저항하는 사람들의 입장과 부합했다고 볼 수 있어. 과학자로서 타이밍을 잘 맞췄다고 할 수 있지.

시대가 영웅을 만든다는 말처럼 어찌 보면 과학자나 과학 이론은 시대를 잘 타야 당대에 인정을 받는 것 같아. 멘델처럼 살아생전에는 인정받지 못하고 죽고 나서 30년 뒤에야 인정을 받은 경우도 있으니 말이야. 과학자의 과학 이론과 그가 살던 시대와의 관계에 대해서 어떻게 보아야 할까? 사회는 과학 이론에 어느 정도로 영향을 주는 것일까?

미래 인류의 모습

저명한 인류학자 두걸 딕슨(Dugal Dixon)은 자신이 상상한 몇백만 년 뒤의 인류 모습을 그림으로 그렸어. 진화를 통해 나타날 수 있는 다양한 모습들을 표현했는데 보니까 많이 생소하긴 해. 이 학자는 환경이 점점 오염됨에 따라 인류가 우주나 물속에서 살아가기 편하게끔 진화한다고 생각했어. 앞으로 인류라는 종이 어떤 모습으로 변해 나갈지 한번 상상해보지 않을래?

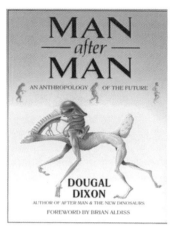

두걸 딕슨의 책 『인류 다음에 올 인류』

인간선택설

'인간선택설'이라는 말을 들어본 적 있니? 인간선택설이란 인간이 자연에 과도한 간섭을 해서 다른 종들의 유전자 풀(gene pool, 어떠한 생물 종이나 개체가 가지고 있는 대립 유전자 전체를 이르는 말)을 완전히 바꿔버리는 것을 비꼬는 말이야. 상아가 있는 코끼리를 무자비하게 밀렵한 탓에 상아가 없는 코끼리 종이 출현하는 현상이나, 위험할 때 꼬리를 흔들어서 소리를 내는 방울뱀을 대다수 포획한 결과 소리가 나지 않는 꼬리를 가지도록 진화한 방울뱀 등을 그 예로 들 수 있지.

지구상에서 일개 종일 뿐인 인간이 이처럼 다른 종들의 유전자 풀을 변형할 정도로 심각한 폭력을 저질러도 되는 것일까? 현재 우리 인간이라는 종이 지구에서 최상위 포식자로서 우위를 차지하고 있지만, 언제든지 자연의 변화로 인간 종도 그 자리에서 밀려날 수 있다는 사실을 기억하고 있어야 할 거야.

종은 변화한다.

다윈의 노트 중

공황장애

공황장애는 뇌에 스트레스를 받아 갑자기 죽을 것 같은 극도의 불안과 공포 증상이 되풀이해서 나타나는 병이야. 다윈은 39세 되던 해인 1848년에 자신을 믿어주고 의지가 되어주던 아버지가 돌아가셨을 때쯤부터 공황장애를 겪기 시작한 것 같아. 그즈음 다윈은 집에서 사교 모임을 열고 난 뒤 토할 것 같은 느낌을 받았다고 전해져. 발병 초기에 자신의 연구를 발표하고 질문을 받았을 때 구토 증상이 가시지 않아 무척 힘들어했고, 점점 다른 사람을 보내서 발표해야만 하는 경우가 많아졌다고 해.

다윈은 공황장애 외에도 자아에 대한 인식을 잃어버리는 이인증을 비롯해 불면증, 헛것이 보이는 증상 등으로 집에서 나오지도 못하고 사람들과 얼굴을 보며 소통하는 것을 어려워했어. 하지만 이런 가운데서도 연구를 계속해『종의 기원』같은 인류사에 길이 남을 수많은 저서를 남겼지.

현대에도 유명 인사들이 공황장애에 걸려 갑자기 사람들을 만나기 힘들어하고 제대로 방송 활동을 못 하게 되는 경우가 많은데, 다윈도 건강보다는 연구를 먼저 생각하다가 이렇게 병을 키웠다고 생각해. 창조론자와 기독교 세력의 반대로 극심한 스트레스를 받으며 연구했을 테니 말이야. 정신분석학자들에 따르면 유소년 시절에 받았던 스트레스나 자극들이 나중에 20~30대 성인이 되어 갑자기 비정상적 행위로 분출되거나 질병으로 나타나는 경우가 많다고 해. 그러니 어떻게 스트레스를 관리하며 살아갈지 생각해볼 필요도 있지 않을까?

위대한 생물학자 찰스 다윈

다윈의 결정적 시선

⭐ 성실성

긴 항해 기간 동안 다윈은 다양한 지질과 동식물에 대해 일일이 기록했어. 항해 중에 일어났던 일들은 빠지지 않고 적어두었지. 일설에 따르면 다윈은 파도에 흔들리는 선체 안에서도 현미경으로 들여다보고 해부하고 연구하는 일을 하루도 쉬지 않았다고 해. 다윈의 성실성 하나만큼은 정말 대단한 것 같아.

⭐ 다양한 분야에 대한 관심과 호기심

다윈은 생물학 외에도 지질학, 광물학, 심리학을 비롯한 여러 다른 학문 분야를 두루두루 연구했어. 지질학에서는 거대한 땅이 가라앉는 과정에서 둥근 모양으로 산호초가 떠오르는 현상을 학계에 보고하기도 했지. 또한 1872년에는『감정의 표현』이라는 책을 저술해서 '심리학의 대가'로 불리기도 했어. 다방면에 걸쳐 호기심을 가졌던 레오나르도 다빈치(Leonardo da Vinci)나 다산 정약용처럼 다윈도 세상 모든 것에 관심을 가지고 평생 연구하며 살았던 것 같아.

⭐ 과학에 대한 사랑

내가 거둔 성공에 가장 큰 영향을 끼친 것은 과학에 대한 사랑이었다. 사실을 관찰하고 수집하는 이 분야에서 주제가 하나 생기면 오랜 시간 동안 참을 수 있는 인내심이 필요했으며, 상식뿐만 아니라 어느 정도의 창의성도 필요했다.

다윈의 자서전『나의 삶은 서서히 진화해왔다』중

★ 인내심

다윈은 자신의 진화 이론 체계를 더 완벽히 구축하기 위해 따개비의 형태 변이(같은 종에서 모양과 성질이 다른 특성을 가진 개체가 나오는 현상)에 대해서도 연구했는데, 장장 8년에 걸쳐 이루어졌다고 해. 그는 암수한몸 종의 따개비를 조사한 끝에 이 종이 알아차리기 힘들 만큼 아주 미세한 변화의 단계를 거치면서 양성의 종으로 진화한다는 사실을 알아냈어.

★ 학문 간의 융합

자연선택설의 원리는 맬서스(Malthus)의 『인구론』이라는 책에서 생존 투쟁에 대한 내용을 읽다가 갑자기 떠오른 생각이었어. 동물들은 살아남는 수보다 더 많은 수의 자손을 낳고, 그 자손들은 계속해서 영토와 먹이를 위해 경쟁하며 살아 나가지. 이 과정에서 살아남기 유리한 변이를 가진 자손은 보존되고 불리한 변이를 가진 자손은 사라지면서 새로운 종이 만들어지는 거야. 다윈의 이 같은 아이디어들은 초기에는 33쪽 정도의 분량에 불과했지만 계속 쌓여 230쪽에 이르는 방대한 분량으로 늘어났고 내용도 더욱 정교해졌어.

★ 상상력

서로 달라 보이는 새들이 같은 종이라는 사실을 알게 되면서 다윈은 자연선택에 의한 진화론의 결정적인 아이디어를 얻게 돼. 그리고 상상력을 발휘한 결과, '이 새들은 처음부터 다르게 창조된 존재가 아니라 하나의 종이 어떤 환경에 의해서 자연적, 단계적으로 변형되어 다른 종이 된 것이다'라는 결론에 이르게 되지.

2

유전학의 아버지

그레고어 멘델

Gregor Mendel

1822년 7월 22일 ~ 1884년 1월 6일

◆ 멘델의 뇌 구조

유전학의
아버지

인간게놈 프로젝트를
하다니 뿌듯하군

씨의 모양과 색깔,
꽃의 색깔 등

완두콩 연구 8년간의 노력

유전 법칙의 발견

7개의 우성과
열성 형질

수사로서의
생활

수학을 생물에 적용
우성의 법칙
분리의 법칙
독립의 법칙

키우기도 쉽고,
값도 싸고, 자손들의
특징이 뚜렷한
완두콩♥

대수도원장이 되어
너무 바빠짐

왜 내 이론을
몰라줄까?

나의 시대는
반드시 온다

완두콩으로
고르길 잘했어!

학벌 때문인가? ㅠㅠ

16년 뒤…
드브리스, 코렌스,
체르마크가 재발견해줌

멘델은 당시 오스트리아 제국 실레지아 지방의 작은 시골 마을 하인첸도르프(Heinzendorf, 현재 체코의 힌치체Hynčice)에서 태어났어. 오스트리아 제국은 유럽 전역에 퍼진 산업혁명의 영향을 받아 산업 근대화를 추진하던 시기였어. 과학 분야 전반에서도 혁명적인 발전이 이뤄지고 있었는데, 다윈도 멘델과 같은 시대 사람으로서 영국에서 활발히 연구하고 있었지.

생물학 분야의 큰 흐름을 살펴보면 1595년 얀센(Janssen) 부자가 최초로 현미경을 고안하였고, 1665년에는 로버트 훅(Robert Hooke)이 자기가 만든 현미경으로 참나무 껍질을 관찰하여 '세포'라는 벌집 모양의 구조를 발

멘델의 생가

동시대를 살았던 다윈과 멘델

견했어. 그 후 동식물이 세포라는 기본 구조로 이루어져 있다는 세포설이 일반화하면서 세포 속에 들어 있는 유전자까지도 연구하게 돼. 멘델은 유전자를 직접 확인하지는 못했지만, 유전자의 존재를 실험을 통해 알고 있었지.

요한 멘델(John Mendel, 멘델의 원래 이름)은 어려서부터 학문에 관심이 많았어. 하지만 아버지가 몸을 다치는 바람에 학비를 마련할 수 없어서 대학 진학을 포기했지. 당시에는 대학에 가지 않고 돈 없이 공부하려면 수도원에 들어가는 길밖에 없었어. 수도원에서는 성직자의 임무를 마친 뒤 하고 싶은 것을 할 수 있었기 때문이야. 멘델은 고향에서 가까운 브르노 (Brno) 지방의 성 아우구스티노 수도회에 들어갔고, 뒤에 '그레고어 멘델' 이라는 새로운 수사 이름을 받게 되었지.

옛날 사람들은 자식이 부모를 닮는다는 것은 알았지만 부모의 특징이 자식에게 어떻게 전해지는지는 알지 못했어. 멘델이 연구하던 시대에는 대부분의 사람들이, 부모의 특징이 섞여서 자식에게 전해진다는 '혼합설'을 상식으로 받아들였어. 멘델은 수도원 정원에서 꽃을 재배하면서 보기 좋고 예쁜 색깔의 꽃들을 교배(생물의 암수를 인위적으로 수정시켜 다음 세대를 얻는 일)시키기 시작했어. '혼합설'을 기반으로 다양한 색깔의 꽃을 얻기 위해 노력했지.

그런데 결과가 이상하게 나오는 거야. 붉은색과 하얀색의 꽃을 교배시키면 무슨 색 꽃이 나와야 할까? 혼합설에 따른다면 당연히 분홍색 꽃이 나와야겠지. 하지만 붉은색 꽃이나 흰색 꽃만 나오는 거야. 계속된 실패에 멘델은 혼합설 말고 뭔가 다른 규칙이 있을 것으로 생각하고 8년 동안이나 정밀한 실험을 하며 이 문제를 연구했어.

만약 사람에게 혼합설을 적용하면 어떻게 될까? 쌍꺼풀이 있는 아버지와 쌍꺼풀이 없는 어머니의 자손은 눈의 한쪽에만 쌍꺼풀이 나타나거나 절반만 쌍꺼풀이 나타나야 하는데 그렇지가 않잖아. 부모의 특징이 자식에게 전해지는 원리를 알기 위해서는 실험을 통해 검증해야 했어. 하지만 사람으로 직접 연구하려면 지나온 가계 기록을 연구해야 하는데 이 결과들만 가지고 연구하기에는 양이 너무 적었어. 또 수명이 길어서 오랜 시간 동안 관찰해야 하므로 결론을 내기도 힘들었지.

동물도 사람과 마찬가지로 연구자가 원하는 대로 교배시키기 어렵고,

한번에 낳는 자손의 수도 많지 않았기 때문에 실험 재료로 적합하지 않았어. 그래서 당시 과학자들은 주로 식물을 대상으로 실험을 했지. 혹시 확률에 대해 알고 있니? 동전을 던져서 앞면이 나올 확률은 얼마일까? 0.5지. 그런데 동전을 한 번 던져 앞면이 나왔다고 해서 다음에 던지면 뒷면이 나올까? 아니지. 동전을 여러 번 던져서 앞면이 나오는 확률을 구해야 해. 많이 던지면 던질수록 그 확률은 이론상 0.5에 가까워지지.

동물로 하는 실험도 이 동전 실험과 마찬가지야. 교배 실험을 할 때 자손 한 명만 관찰해서는 그 결과를 바탕으로 앞으로 태어날 자손들의 특징을 예측하기 힘들어. 확률을 정확히 알아내기 위해 동전을 수없이 던져보듯이 여러 자손을 관찰하고 특징을 알아내야 하는 거지. 즉 유전되는 특징을 정확한 확률로 알아내기 위해서는 자손을 한두 마리만 낳는 동물보다 많은 양의 씨를 자손으로 생산하는 식물을 선택해야 했던 거야.

멘델 역시 식물을 선택했는데, 그중에서도 완두콩을 사용했어. 완두콩은 부모로부터 물려받은 자손들의 특성을 연구하기 위한 실험 재료로 유리한 점들이 많아. 우선 다른 식물보다 키우기 쉽고 값이 비싸지 않으면서 자손들이 뚜렷한 특징을 가지고 있어서 연구에 아주 적합했지. 뚜렷한 특징이라는 것은 우성(더 우세한 성질)과 열성(더 열세인 성질)이 명확하게 구분되는 특징을 가지고 있었다는 뜻이야. 생물학에서는 이처럼 자손 간에 명확하게 구분되는 형태와 성질을 '형질'이라고 해.

멘델이 완두콩을 선택한 건 행운이었어. 멘델의 연구가 유명해진 후 다른 과학자들이 완두콩이 아닌 다른 실험 재료로 멘델의 실험을 따라 해봤는데 많은 사람이 실패했어. 왜냐하면 완두콩은 각각의 형질을 결정하는 유전자가 서로 다른 염색체(세포의 핵 속에 들어 있는 유전물질)에 들어 있어서

'독립의 법칙'을 밝히기 위한 최고의 실험 재료였지만 다른 재료들은 그렇지 않았거든. 멘델은 완벽한 연구 재료와 아버지로부터 물려받은 정원 기술과 경험을 바탕으로 어렵지 않게 연구를 진행할 수 있었어.

멘델의 동상

1843년 멘델은 대수도원장의 추천으로 빈대학교에 청강생으로 들어가서 식물학, 동물학 등 과학의 기초와 수학을 공부했어. 2년 뒤에는 고향으로 돌아와 완두콩을 재료로 한 실험에 매진하게 되지.

결과적으로 멘델이 우연히 선택한 완두콩으로 연구를 성공적으로 이끌 수 있었으니, 위대한 발견에는 '우연'이라는 행운도 있어야 하는 것 같아.

: 연구 성과 :

멘델은 1856년부터 수도원의 작은 뜰에서 완두콩을 이용한 연구를 시작했어. 멘델이 실험한 방법은 기존의 과학자들과는 조금 달랐어. 그는 실험에 앞서, 2년 동안 같은 방식의 교배를 통해 여러 세대가 지나도 처음과 같은 형질을 갖는 완두콩을 골라냈어. 즉 순수한 둥근 완두콩을 얻기 위해 멘델은 열매를 맺은 완두콩 중에서 둥근 완두콩들만 골라 다시 심고, 꽃봉오리가 생겼을 때 봉지를 씌워 수술의 꽃가루가 같은 꽃의 암술만 만나 열매를 맺는 자가수분(自家受粉)을 시도한 거야. 이 과정을 반복하면 부모와 항상 같은 특징을 갖는 둥근 완두콩의 '순종'을 얻어낼 수 있어. 다른 과학자들은 이렇게 하지 않았기 때문에 실험에 실패했었지. 이처럼 순종을 얻기 위해 남들이 하지 않은 방법을 고안한 것이 멘델이 가진 창의성이라고 볼 수 있어.

그러면 다른 특징을 가진 순종끼리 교배해서 생긴 자손을 뭐라고 할까? 바로 '잡종'이라고 해. 잡종은 우리가 생각하는 것처럼 안 좋은 개념이 아니야. 환경에 적응하는 힘이 순종보다 더 클 수도 있기 때문이지.

다시 연구 이야기를 이어가 보면, 멘델은 서로 대립하는 종인 둥근 완두콩 순종과 주름진 완두콩 순종을 서로 교배시켜 '잡종 1세대'를 얻어냈어. 어떻게 서로 다른 순종끼리 원하는 대로 교배시킨 걸까? 둥근 완두콩 순종의 꽃이 피었을 때 수술을 다 잘라서 자가수분을 할 수 없도록 막은 다음, 주름진 완두콩 순종의 꽃가루를 둥근 완두콩 순종의 암술에 묻히는 타가수분(他家受粉)을 시도한 거야. 과연 어떤 완두콩이 열렸을까? 놀랍게도 잡종 1세대에서는 100퍼센트 다 둥근 완두콩만 나타났어. 부모 중 한쪽의 형질인 둥근 완두콩의 형질만 나타난 거지.

멘델도 처음에는 이 결과를 보고 신기해했어. 하지만 혹시 암술과 수술을 바꿔서 실험하면 다른 결과가 나올지도 모르니, 반대로 주름진 완두콩 순종의 수술을 자르고 둥근 완두콩 순종의 꽃가루를 주름진 완두콩 순종의 암술에 묻혀주었지. 결과는 마찬가지로 100퍼센트 다 둥근 완두콩만 나타났어.

형질	우성	열성
씨의 모양	둥글다	주름지다
씨의 색깔	노란색	녹색
꽃의 색깔	보라색	흰색
꽃이 피는 위치	줄기 마디	줄기 끝
꼬투리의 모양	매끈하다	잘록하다
꼬투리의 색깔	녹색	노란색
줄기의 키	크다	작다

멘델이 밝혀낸 완두콩의 7가지 우성과 열성 형질

씨		꽃		꼬투리		줄기
모양	색깔	위치	색깔	모양	색깔	키
둥글다	노란색	줄기 마디	보라색	매끈하다	녹색	크다
주름지다	녹색	줄기 끝	흰색	잘록하다	노란색	작다

완두콩의 7가지 형질

↕ 완두콩 꽃

←··· 완두콩

멘델은 잡종 1세대에 나타난 형질을 우세한 성질이라 해서 '우성'이라 하고, 잡종 1세대에 나타나지 않은 형질을 '열성'이라고 불렀어. 이 경우에는 완두콩의 둥근 형질이 우성이고 주름진 형질이 열성인 거야. 잡종 1세대에서 부모가 물려준 두 개의 형질 중 한쪽의 형질이 전혀 나타나지 않다니, 이건 분명히 혼합설로는 설명할 수 없는 것이었어.

다음으로 잡종 1세대끼리 교배해서 나온 것은 뭐라고 할까? 맞아, 잡종 2세대라고 해. 그럼 잡종 2세대에서는 어떤 결과가 나왔을까? 이번에도 잡종 1세대처럼 우성인 형질만 100퍼센트 나왔을까? 결과는 우성과 열성 두 형질 다 나왔어. 잡종 2세대에서는 다시 원래 부모처럼 두 가지 형질이 모두 나타난 거야. 신기하지?

멘델은 여기에 만족하지 않고 실험 결과로 나온 콩의 개수를 세어봤어. 그랬더니 우성과 열성의 비율이 3 : 1로 나온 거야. 당시에는 생물학 연구에서 수학적 통계를 사용하는 일이 거의 없었기 때문에 콩의 개수를 세어 볼 생각을 한 것은 매우 창의적인 발상이었어. 이 또한 멘델의 독특하고 위대한 점이라고 볼 수 있지. 그럼 멘델이 밝혀낸 완두콩의 우성 열성 형질과 유전 법칙에 대해서 좀 더 자세히 알아볼까?

유전 법칙의 발견

멘델은 여러 차례 반복된 실험에서 계속 같은 결과가 나오자, 자손이 생길 때 부모가 어떤 특정 '유전인자'를 갖고 있어서 이것을 자손에게 물려준다고 생각했어. 나중에 이 분야를 연구하던 과학자들은 멘델이 발견했던 '유전인자(genetic factor)'가 바로 '유전자(gene)'라는 사실을 알아냈어. 유전자가 염색체 안에 존재한다는 사실은 실험으로 증명되었지. 멘델이 유전자의 존재를 정확히 밝혀낸 셈이야. 이 놀라운 발견이 '유전학'이라는 새로운 학문을 열었기 때문에 멘델을 '유전학의 아버지'라고 해. 멘델이 발견한 유전 법칙에는 우성의 법칙, 분리의 법칙, 독립의 법칙 이렇게 세 가지가 있어.

우성의 법칙

먼저 멘델이 가정했던 유전자의 개념을 가지고 유성의 법칙을 설명해 볼게. 멘델은 식물에서 하나의 형질을 결정하는 두 개의 유전자가 있다고 생각했어. 두 개의 유전자가 모두 우성이거나 한 개만 우성인 식물은 우성 형질이 나타나고, 둘 다 열성일 경우 열성 형질이 나타나지. 이것이 멘델의 제1 유전 법칙인 '우성의 법칙(Law of dominance)'이야. 즉 둘 다 열성을 가지고 있지 않은 한, 우성인 유전자가 열성인 유전자의 표현을 억제하는 것이지.

영어 알파벳 기호로 나타내면 좀 더 간결하게 알아볼 수 있는데 우성은 단어 첫 글자의 대문자, 열성은 소문자로 표시해. 만약 완두콩의 씨 모양에 대한 우성과 열성을 기호로 나타낸다면, '둥근(Round)' 형질이 우성이므로 R, 열성은 r로 표시해. 다른 예로 완두콩 씨의 색깔에 대한 우성과 열성을 기호로 나타내면, '노란색(Yellow)' 형질이 우성이니 Y, 열성은 y로 표시하면 되겠지. 그런데 한 식물은 하나의 형질에 대해 두 개의 유전자를 가진다고 했으니까 RR, Rr, rr 이런 식으로 유전자형을 나타낼 수 있어. 이렇게 유전 형질을 기호로 표현하는 것을 '유전자형(genotype)', 실제 겉으로 드러나는 모양으로 표현하는 것을 '표현형(phenotype)'이라고 불러. 그럼 RR, Rr인 완두콩은 어떤 표현형을 가질까? 맞아. 둥근 모양이야. 그렇다면 rr는 주름진 모양이겠지.

표현형	둥근 모양		주름진 모양
유전자형	RR	Rr	rr

분리의 법칙

우리는 우성의 법칙에 따라 둥근 모양의 순종 완두콩(우성)과 주름진 모양의 순종 완두콩(열성)을 교배하면 잡종 1세대에서 모두 둥근 모양의 완두콩이 나온다는 사실을 알았어. 이를 유전자형으로 나타내보면 RR와 rr를 교배했을 때 잡종 1세대에서 Rr만 나온다고 할 수 있는 거지. 주름진 모양의 유전자 r는 어디로 간 것일까? 여기에서 멘델은 RR(우성 순종)인 부모는 자손에게 유전자 R를 주고, rr(열성 순종)인 부모는 자손에게 유전자 r를 주었다고 생각했어. 그래서 자손은 모두 유전자형을 Rr로 갖게 되는 거지. 또 표현형이 모두 둥근 완두콩으로 나타나서 겉으로 볼 땐 열성 유전자가 없어진 것처럼 보이지만, 사실은 우성 유전자 R에 의해서 열성 유전자 r가 억제되어 있을 뿐 사라진 것은 아니었던 거야. 이처럼 부모가 가진 한 쌍의 대립되는 유전자가 분리되어 자손을 만드는 생식세포로 들어가는 것을 멘델의 제2 법칙인 '분리의 법칙(Law of segregation)'이라고 해.

그렇다면 왜 잡종 2세대에서는 다시 부모의 형질인 열성 형질이 나타난 걸까? 결과적으로는 Rr의 유전자형에 숨어 있던 r의 형질이 나타난 것으로 볼 수 있어. 잡종 1세대의 유전자형은 Rr이고, 이들은 자손에게 R나

r 유전자를 줄 수 있겠지. 만약 부모 모두에게 R를 받은 경우 잡종 2세대의 유전자형은 RR가 될 거야. 한 부모에게는 R, 다른 한 부모에게는 r를 받은 경우에는 Rr, 양쪽 모두에게 r를 받은 경우에는 rr가 되겠지. 이때 유전자형이 rr인 자손이 나타나지? 바로 열성 순종이었던 부모가 가진 열성 유전 형질이 다시 등장하게 되는 거지. 이렇듯 잡종 1세대에서와 달리 잡종 2세대에서는 두 종류의 표현형이 등장할 수 있어.

그럼 멘델이 한 것처럼 통계를 이용해서 유전자형의 비율도 한번 계산해볼까? 이건 그림으로 설명하면 더 이해가 쉬울 것 같아.

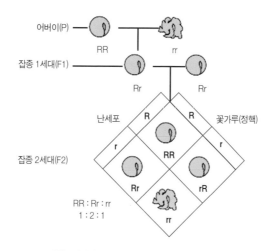

잡종 1세대와 잡종 2세대의 유전자형과 표현형

사각형의 그림으로 유전자가 부모에서 자손 세대로 전달되는 것을 보기 쉽게 정리했지? 이 사각형은 맨 처음 사용한 사람의 이름을 따서 '퍼네트(Punnett) 사각형'이라고 불러. 잡종 1세대를 자가교배시키면(Rr×Rr), 부모가 어떤 유전자를 주는지에 따라 4칸의 사각형이 나타나. 조합을 해보면 1개의 RR와 2개의 Rr, 1개의 rr라는 결과(RR+2Rr+rr)를 얻을 수 있고, 유전자형의 비율은 RR : Rr : rr = 1 : 2 : 1로 나타낼 수 있어. 표현형의 비율은 Rr(둥근 완두콩)도 R 유전자에 의해 r의 성질이 억제되어 RR(둥근 완두콩)와 같게 나타나니까 둥근 완두콩과 주름진 완두콩이 3 : 1의 비율로 나오겠지.

이렇게 예측하고 실험한 결과, 멘델은 5437개의 둥근 완두콩과 1850개의 주름진 완두콩을 얻어. 여기에서 멘델의 위대한 수학적 관점이 나오게 되지. 그게 뭐냐고? 실제로 비율은 약 2.93 : 1인데 이것을 3 : 1로 통계의 관점에서 바라본 거야. 멘델은 자신의 연구에 대해 다음과 같이 당당하게 이야기했어.

"지금까지 행해진 수많은 실험 중에서 잡종의 자손들에게 나타날 수많은 형태를 결정하고 이러한 형태들을 각 세대에 따라 확실하게 구분한 다음 이들 사이의 통계적 상관도를 명확히 밝힐 수 있을 만큼 폭넓고 올바른 방법으로 이루어졌던 실험은 하나도 없었다."

멘델 스스로도 자기가 통계를 생물학에 적용시킨 점이 다른 과학자들과의 차별점이라는 사실을 알고 있었던 거야. 이렇게 아무도 모르던 사실을 발견하고 결과로 확인했을 때 멘델은 얼마나 기뻤을까? 멘델의 창의적 관점도 중요하지만, 이 연구를 완성하기 위해 8년이라는 시간을 꾸준히 연구에 투자하고 2만 4000그루의 완두콩을 심은 후 그중 1만 1000그루를 세심하게 관찰한 성실성과 인내심도 칭찬할 필요가 있을 거야.

독립의 법칙

멘델은 이후에도 다양한 실험을 통해서 자기 이론을 더 발전시켰어. 두 가지 형질을 가지고 동시에 실험한 거야. 즉 우성인 둥글고 노란 완두콩과 열성인 주름지고 녹색인 완두콩을 교배해서 자손 1세대에 나타나는 형질과 자손 2세대에 나타나는 형질이 자신이 세운 이론에 맞는지 확인해본 것이지.

이번에도 퍼네트 사각형을 그리면서 함께 알아볼까? 둥글고 노란색(RRYY)인 완두콩과 주름지고 녹색(rryy)인 완두콩을 교배한 결과 만들어진 잡종 1세대는 예상대로 둥글고 노란(RrYy) 완두콩뿐이었어. 잡종 1세대만으로 교배하여 만든 잡종 2세대에서도 둥근 완두콩과 주름진 완두콩의 비율이 3 : 1, 노란색과 녹색의 비율도 3 : 1이었지. 이것은 분리의 법칙에서 나왔던 비율과 같아.

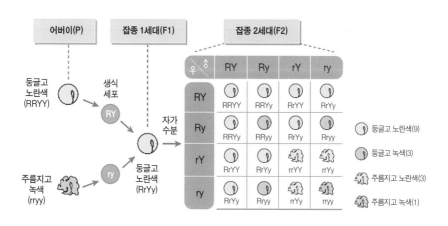

잡종 2세대에서 확인할 수 있는 독립의 법칙

멘델은 이 실험 결과를 통해 두 쌍의 유전자는 각각 다른 유전자 쌍과 독립적으로 분리되어 자손에게 유전된다고 생각했고, 이를 '독립의 법칙(Law of independent assortment)'이라고 했어. 즉 두 쌍의 유전자 Rr와 Yy가 각각 독립적으로 분리의 법칙을 만족시킨다는 뜻이지.

멘델은 1865년에 위의 실험 결과를 「식물 교배 실험Experiments on Plant Hybridization」이라는 제목으로 자연과학협회에 발표했어. 사람들이 오랫동안 궁금해하던 유전의 원리를 이토록 창조적이며 명확한 근거를 가지고 설명한 멘델의 연구에 대해 사람들은 어떤 반응을 보였을까? 안타깝게도 당시에는 그 업적을 제대로 인정받지 못했어. 다윈을 포함해서, 유전의 법칙을 수학적으로 설명한 멘델의 방식을 이해한 과학자가 별로 없었기 때문이기도 하고 멘델이 유명한 대학이나 연구소에서 공부한 사람이 아니어서 주목을 끌지 못했던 탓이기도 해. 독창성을 가지고 수학과 과학의 융합을 시도하며 놀라운 아이디어를 만들어냈던 이 천재의 노

동료 수사들과 함께 사진을 찍은 멘델(뒷줄 오른쪽에서 두 번째)

력이, 이런저런 문제에 부딪혀 제대로 빛을 보지 못했으니, 멘델도 많이 낙담했을 거야.

그 후 1868년에 멘델은 대수도원장이 되었어. 수도원 일이 많아지면서 연구에 충분한 시간을 쏟을 수도 없었고 건강도 점점 나빠졌지. 멘델은 결국 1884년 62세의 나이로 숨을 거두게 돼. 죽을 때까지도 그를 위대한 생물학자라고 인정한 사람은 아무도 없었어. 하지만 멘델은 말년에 "나의 시대는 반드시 온다"라는 말을 남겼대. 자신의 연구에 대한 자부심과 진리에 대한 확신이 있었기 때문에 할 수 있던 말이었을 거야. 멘델이 살아 있을 때 그 시대가 왔더라면 얼마나 뿌듯해했을까?

: 생물학계에 미친 영향 :

과학자들은 어떤 주제에 대해 연구를 시작할 때 반드시 다른 사람이 이전에 비슷한 연구를 했는지 찾아봐야만 해. 이렇게 선행된 연구 결과들을 찾아보는 것을 문헌 조사라고 하는데, 대개 내가 궁금해하는 것은 다른 사람들도 똑같이 궁금해하는 경우들이 많고 이미 논문으로 쓰여졌다면 다른 주제나 방법을 찾아야 하는 거지. 그래서 나와 비슷한 주제로 연구한 사람들의 논문을 찾는 것은 과학자들이 연구를 시작할 때 먼저 해야만 하는 일이야.

1900년에 드브리스(Hugo de Vries), 코렌스(Carl Correns), 체르마크(Erich

von Tschermak)라는 세 명의 과학자 또한 각각 자신이 살고 있는 나라에서, 부모의 형질이 자손에게 어떻게 전달되는지 밝히기 위한 연구를 하고 있었어. 이들도 보통의 연구자들과 마찬가지로 선행 연구에 대한 문헌 조사를 하던 중 우연히 멘델의 논문을 찾아 읽게 되었지. 그리고 멘델이 매우 논리적이면서 타당하게 완두콩의 유전 원리를 적어놓았고, 반론을 제기할 수 없을 정도로 정교한 실험을 거쳐 훌륭한 논문을 남겼다는 걸 알게 되었어.

이 세 명의 과학자는 자신들이 하려고 했던 연구가 이미 30년 전에 완성되어 있었다는 사실에 놀랐어. 이들의 발견으로 드디어 멘델의 연구가 사람들에게 알려지기 시작했어. 멘델과 동시대에 살았던 대다수의 과학자들은 수학적 통계를 사용한 그의 특별한 분석 방법을 이해하지 못했고 선입견 탓에 학벌이 신통치 않은 멘델의 발견을 무시해버렸지만, 30년이 지나서 후배 연구자들에 의해 그 가치를 인정받은 것이지.

멘델의 연구가 묻혀 있던 때에도 유전과 관련한 연구는 계속 진행되고 있었어. 1879년에 독일의 세포학자 플레밍(Fleming)은 세포를 염색약으로 물들인 뒤 세포의 핵에 대해 관찰하면서 어떤 물질이 생성되고 이동하는 특이한 움직임을 발견했어. 그는 그 물질을 염색약으로 물들였다고 해서 '염색체(chromosome)'라고 불렀어. 염색체가 관찰되면서 세포분열 연구에 박차가 가해졌고, 한 개의 세포가 두 개로 나뉘는 세포분열 과정에 대해서도 알게 되었지.

우리 몸 안에서 일어나는 세포분열에는 두 종류가 있는데, 체세포가 분열하여 새로운 체세포를 만드는 '체세포분열'과 생식세포를 만드는 '생식세포분열'이야. 체세포분열은 보통 성장하거나 다친 부분이 재생될 때 일어나. 생식세포분열은 남자의 정소와 여자의 난소에서 일어나는데 생식세포분열이 일어나면 남자의 정소에서는 정자가, 여자의 난소에서는 난자가 만들어져. 정자와 난자가 만나서 수정이 되면 자손이 태어나는 거지.

이렇게 만들어진 사람 세포의 핵 속에는 23쌍(46개)의 염색체가 들어 있어. 물론 부모와 자식의 염색체 수도 같지. 그럼 정자와 난자도 세포이기 때문에 염색체 수는 46개일까? 아니야. 생식세포에는 23개의 염색체밖에 없어. 왜냐하면 나중에 엄마의 생식세포인 난자(23개 염색체)와 아빠의 생식세포인 정자(23개 염색체)가 하나로 합쳐져 46개의 염색체를 가진 수정체가 되어야 하므로, 생식세포의 염색체 수만 다른 세포들과는 다르게 절반인 23개 밖에 없는 거야. 그래서 생식세포가 만들어지는 생식세포분열을, 염색체 수가 줄어드는 분열이라고 해서 '감수분열'이라고 부르

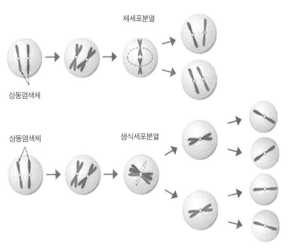

체세포분열과 생식세포분열

기도 해.

이렇게 염색체 수가 줄어드는 과정에서 멘델이 발견한 분리의 법칙을 적용할 수 있어. 잡종 1세대의 완두콩의 수술에서 만들어진 정세포(식물의 수 생식세포)는 R를 가질 수도 있고, r를 가질 수도 있어. 암술에서 만들어진 난세포 역시 R를 가질 수도 있고, r를 가질 수도 있지. 각각의 확률은 반반이기 때문에 RR가 4분의 1, Rr가 2분의 1, rr가 4분의 1이 나올 수 있는 거야.

	R	r
R	RR	Rr
r	Rr	rr

세포분열의 과정이 밝혀지면서 과학자들은 염색체 속에 유전되는 물질이 있는 것으로 추측했어. 그 유전물질을 연구하기 위해 드브리스, 코렌스, 체르마크가 선행 연구를 찾던 중 멘델의 논문을 발견한 거지. 이렇게 멘델의 논문이 세상에 알려지면서 생물학에는 새로운 학문 분야가 생겼어. 바로 '유전학'이야.

1902년에 미국의 생물학자 서턴(Sutton)은 플레밍이 발견한 염색체와 멘델이 주장했던 '유전인자'가 매우 유사하다는 것을 깨닫고 '염색체가 유전인자다'라는 주장을 한 '염색체설'을 발표했어. 1909년 덴마크의 식물학자이자 유전학자인 요한센(Johannsen)은 유전자(gene: 한 개체의 특징을 결정하는 DNA의 한 부분)라는 말을 처음 사용했지.

하지만 염색체 수가 46개라고 해서 유전자도 과연 46개일까? 눈꺼풀, 머리카락, 혈액형, 피부색, 키 등등 이미 우리가 알고 있거나 예상할 수 있

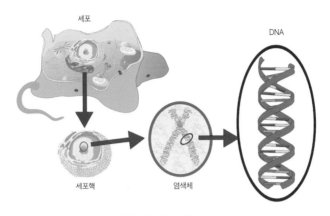

세포

DNA

세포핵

염색체

사람의 세포 속에 있는 DNA

는 것만 따져봐도 이미 46개가 훨씬 넘는데 말이야. 그렇다면 사람보다 훨씬 염색체 수가 적은 초파리는 어떨까? 초파리는 염색체 수가 8개뿐이 지만 눈의 색깔, 날개의 모양, 몸의 색깔, 털의 종류 등 눈에 보이는 유전 형질만으로도 유전자가 8종류는 넘어. 즉 염색체가 유전인자 그 자체라는 '염색체설'은 잘못된 주장이었던 거야.

1926년 미국의 유전학자 토머스 모건(Thomas H. Morgan)은 초파리를 연 구하면서 염색체가 유전자 그 자체가 아니라 '염색체의 일정한 위치에 유전자가 존재한다'는 '유전자설'을 발표했어. 즉 멘델이 말한 '유전인자 (genetic factor)'는 곧 염색체에 존재하는 '유전자(gene)'였던 거지. 멘델은 염색체를 본 적도 없고 유전자를 확인한 적도 없어. 하지만 이미 60년 전 부터 유전자의 존재에 대해 정확히 예측했으니 '유전학의 아버지'라 불릴 만하지. 그 뒤로도 염색체에 대한 연구가 활발히 진행되었고, 여러 과학 자들의 발견이 쌓여 염색체는 DNA가 꼬이고 압축되어서 만들어진 것이 며 이후 왓슨과 크릭에 의해 DNA가 이중나선 구조를 이룬 채 유전자의 염기서열을 지니고 있다는 사실이 밝혀지게 되었어.

멘델의 여러 법칙 중에서 우성의 법칙만 보더라도, 우리 생활에 밀접하게 관련되어 있다는 것을 알 수 있어. 예를 들어서 혀 말기, 구부러지는 엄지손가락, 곱슬머리 등은 우성이고 반대 경우는 열성이니 아기가 태어났을 때 어떤 특성이 있을지 예상할 수 있겠지? 또한 혈액형도 예측해볼 수 있을 거야.

이런 단순한 유전적 지식뿐만 아니라 유전자의 본체인 DNA의 구조가 밝혀진 뒤 인간을 비롯한 여러 생물 종의 DNA 염기서열을 밝히는 연구가 진행되었어. 염기서열이 뭐냐고? DNA는 당, 인산, 염기로 구성된 '뉴클레오타이드(nucleotide)'라는 단위로 연결된 물질인데, 염기서열은 그중 네 종류(아데닌, 구아닌, 사이토신, 티민)로 이루어진 염기들을 순서대로 나열해놓은 것을 말해. 지구상의 생명체들은 염기서열을 통해 유전형질을 결정하는 단백질을 지정하고 결과적으로 그 생물의 기능과 특성이 정해지지. 인간뿐만 아니라 동식물의 유전물질이 네 종류의 염기들로 결정되다니 신기하지 않니?

1990년에는 인간이 가진 염색체의 염기 순서를 알아내기 위한 '인간게놈 프로젝트(Human Genome Project)'가 진행되었어. 약 30억 쌍으로 구성된 인간의 염기서열을 해독하고 유전자 지도를 만드는 것을 목적으로 한 이 연구는, 컴퓨터 기술의 발전으로 예상보다 5년 빨리 완성되어 2001년에 그 결과가 학술지에 발표되었지.

프로젝트의 결과로 다른 생물들과 인간의 유전자를 비교하여 유전자의

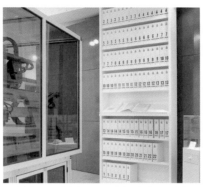

인간의 DNA 염기서열을 모두 기록한 최초의 인쇄물

기능을 예측해볼 수 있고, 여러 생물과의 유연 관계(종끼리 먼지 가까운지 알아보는 관계)를 알아볼 수도 있어. 또한 친자 확인, 범죄자 색출 등 유전자를 진단하는 일을 통해 여러 가지 사회 문제를 과학적으로 해결할 수도 있지. 특별한 기능을 가진 유전자들을 밝히면 특허로 연결되어 막대한 경제적 이익을 얻을 수도 있어. 예를 들어 유전자 진단으로 내가 걸릴 가능성이 있는 유전병을 미리 찾아낼 수 있다면 유전 질환을 예방하고 치료할 수도 있을 거야. 유전자 결함으로 질병에 걸린 것이라면 정상 유전자로 복구시키는 방법도 있지 않겠어?

인간게놈 프로젝트가 완성된 지 10년이 훨씬 넘었지만 아직 모든 유전자가 규명된 것도 아니고, 기술이 상용화된 것은 더더욱 아니야. 인간은 여전히 유전적 질병으로부터 자유로워지지 못했어. 그러니 유전학의 미래는 아직도 무궁무진하다고 볼 수 있지. 멘델이 유전학을 일으켜 세울 때만 해도 인간의 유전자를 다 분석할 시대가 올 거라는 것을 예상이나 했을까? 어쩌면 멘델이 유언으로 이야기했던 '나의 시대'는 아직 찾아오지 않은 것인지도 몰라. 유전학이 장차 어떻게 발전할지 우리 같이 관심 있게 지켜보자.

천재의 프레젠테이션 능력

멘델은 죽은 뒤 한참이 지나고 나서야 자신의 진가를 인정받은 학자였어. 고흐 같은 미술가들을 비롯해 과학자들도 그렇고 살아생전에 인정

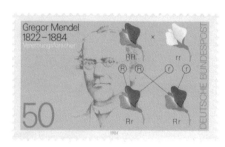

멘델 기념 우표

을 받는다는 건 쉽지 않은 일 같아. 멘델에게는 스위스의 식물학자 카를 빌헬름 폰네겔리(Karl Wilhelm von Nägeli)라는 친구가 있었는데, 이 친구조차도 멘델의 연구 내용이 담긴 편지글을 이해하지 못했다니 멘델은 참 슬펐을 것

같아. 대부분의 학자들이 마음을 닫고 있던 탓도 있었겠지만, 당시의 과학자들에게는 멘델의 설명이 어려웠나 봐.

우리 주변 친구 중에서도 가끔 이런 친구들이 있지 않니? 똑똑하고 천재성이 있는데 설명을 잘 못하는 친구들 말이야. 과학자는 자신의 연구를 다른 사람들에게 쉽게 설명하고 이해시키는 일까지도 잘해야 하는 것일까? 잘해야 한다면 그런 능력은 어떻게 키울 수 있을까?

학벌로 인한 불이익

멘델의 연구는 놀라운 결론을 이끌어냈음에도 불구하고 학벌이 좋지 않다는 이유로 무시당하기도 했어. 이렇게 멘델과 같이 학벌 때문에 불이

익을 받는 경우가 생기지 않기 위해서 우리는 어떤 관점으로 학자들의 연구를 바라보아야 할까?

다윈보다 뛰어났던 수학적 관점

멘델의 위대한 점은 생물학의 연구 결과들을 수학적 안목으로 바라보았다는 거야. 당시 이미 유명한 스타 과학자였던 다윈에게는 멘델보다 더 방대하고 정확한 자료들이 있었어. 하지만 3:1에 가까운 결과 값들을 3:1로 어림잡아 보는 수학적 눈은 없었기 때문에 유전의 법칙들을 발견할 수 없었다고 해. 멘델의 수학적인 눈이 결국 '유전학의 아버지'가 될 수 있도록 만든 것이지. 이렇게 자료를 새로운 시선으로 해석할 수 있게 해주는 힘은 어떻게 해야 키울 수 있을까?

한국의 멘델, 우장춘

한국의 멘델이라고 부를 수 있는 사람이 누구인지 알고 있니? 바로 세계적인 육종학(새로운 종을 만들어내는 학문)의 대가 우장춘 박사야. 그의 생물학적 업적을 '씨 없는 수박'의 개발로만 알고 있는 사람이 많은데 이는 잘못된 사실을 알고 있는 거야. 씨 없는 수박은 일본인 기하라 히토시라는 사람이 처음 만들었고, '씨 없는 수박'은 단지 정부에서 새롭게 육종한 채소 종자를 써보도록 농민들을 설득하기 위한 홍보 수단이었어.

우장춘 박사가 세계적으로 유명해진 것은 최초로 '종 합성 이론'을 주장해 다윈의 이론을 보완한 업적에 있어. 우장춘 박사가 연구하던 당시만 해도 같은 종끼리만 교배할 수 있다고 생각했고, 새로운 종은 돌연변이에 의해서만 생긴다고 알려져 있었어. 하지만 우장춘 박사는 식물에서 다른

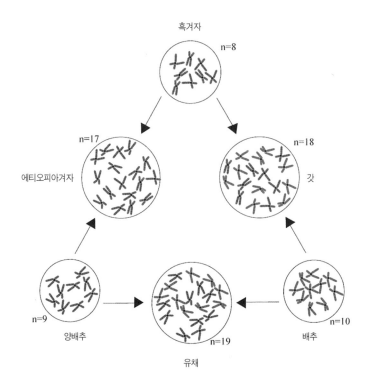

흑겨자 n=8

n=17 에티오피아겨자

n=18 갓

n=9 양배추

n=19 유채

n=10 배추

우장춘의 삼각형(n=염색체 수)
배추속에 속하는 식물들끼리 서로 교배시켜
새로운 종으로 합성하는 과정을 표현하였다.

- 양배추 + 배추 = 유채
- 흑겨자 + 양배추 = 에티오피아겨자
- 배추 + 흑겨자 = 갓

종끼리 교배해도 새로운 종이 만들어질 수 있다는 것을 증명했어. 예를 들어 '배추'와 '양배추'라는 다른 종을 교배해서 우리가 봄에 보는 노란 꽃을 피우는 '유채'를 얻을 수 있는 거야. 우장춘 박사는 이렇게 다른 종끼리의 자연스러운 교배를 삼각형 그림으로 정리했는데 이를 우장춘의 삼각형(Triangle of U)이라고 불러.

육종학의 대가 우장춘 박사(전 한국농업연구소 소장)

　하지만 우장춘의 진정 위대한 점은 이런 학문적인 측면에만 있는 것이 아니라 실제로 1950년대에 우리 국민들을 먹여 살리는 데 앞장섰다는 데 있어. 당시는 한국전쟁 직후라 먹을 것이 없어 굶어 죽는 사람이 많았어. 우리의 비참한 현실을 본 우장춘 박사는 일본에서의 안락한 생활을 접고 아버지의 나라, 그것도 다섯 살에 자기 아버지를 암살한 나라 사람들을 구하고자 혈혈단신 한국에 건너오게 돼. 이후에는 학문적인 연구보다 우리 국민들의 허기를 채울 수 있는 실용적인 연구를 우선시하게 되지. 우장춘 박사가 우리나라 기후와 식성에 맞게 육종하여 개량한 대표적인 예로는 무, 배추, 양파, 씨감자, 감귤 등이 있어. 김치를 먹을 때 한 번쯤은 우장춘 박사를 떠올려보면 어떨까?

멘델의 결정적 시선

★ 성실성

멘델의 창의적 관점도 중요하지만, 8년이라는 시간을 꾸준히 연구에 투자하고 2만 4000그루의 완두콩을 심은 후 그중 1만 1000그루를 세심하게 관찰한 성실성과 인내심도 칭찬할 필요가 있을 거야.

★ 자기 연구에 대한 확신

멘델은 말년에 "나의 시대는 반드시 온다"라는 말을 남겼대. 자신의 연구에 대한 자부심과 진리에 대한 확신이 있었기 때문에 할 수 있던 말이었을 거야. 멘델이 살아 있을 때 그 시대가 왔더라면 얼마나 뿌듯해했을까?

★ 행운

1843년 멘델은 대수도원장의 추천으로 빈대학교에 청강생으로 들어가서 식물학, 동물학 등 과학의 기초와 수학을 공부했어. 2년 뒤에는 고향으로 돌아와 완두콩을 재료로 한 실험에 매진하게 되지. 결과적으로 멘델이 우연히 선택한 완두콩으로 연구를 성공적으로 이끌 수 있었으니, 위대한 발견에는 '우연'이라는 행운도 있어야 하는 것 같아.

★ 학문 간의 융합

실험한 결과, 멘델은 5437개의 둥근 완두콩과 1850개의 주름진 완두콩을 얻어. 여기에서 멘델의 위대한 수학적 관점이 나오게 되지. 그게 뭐냐고? 실제로 비율은 약 2.93 : 1인데 이것을 3 : 1로 통계의 관점에서 바라본 거야. 멘델은 자신의 연구에 대해 다음과 같이 당당하게 이야기했어.

"지금까지 행해진 수많은 실험 중에서 잡종의 자손들에게 나타날 수많은 형태를 결정하고 이러한 형태들을 각 세대에 따라 확실하게 구분한 다음 이들 사이의 통계적 상관도를 명확히 밝힐 수 있을 만큼 폭넓고 올바른 방법으로 이루어졌던 실험은 하나도 없었다."

★ 창조적 사고

멘델은 1865년에 위의 실험 결과를 「식물 교배 실험Experiments on Plant Hybridization」이라는 제목으로 자연과학협회에 발표했어. 사람들이 오랫동안 궁금해하던 유전의 원리를 이토록 창조적이며 명확한 근거를 가지고 설명한 멘델의 연구에 대해 사람들은 어떤 반응을 보였을까?

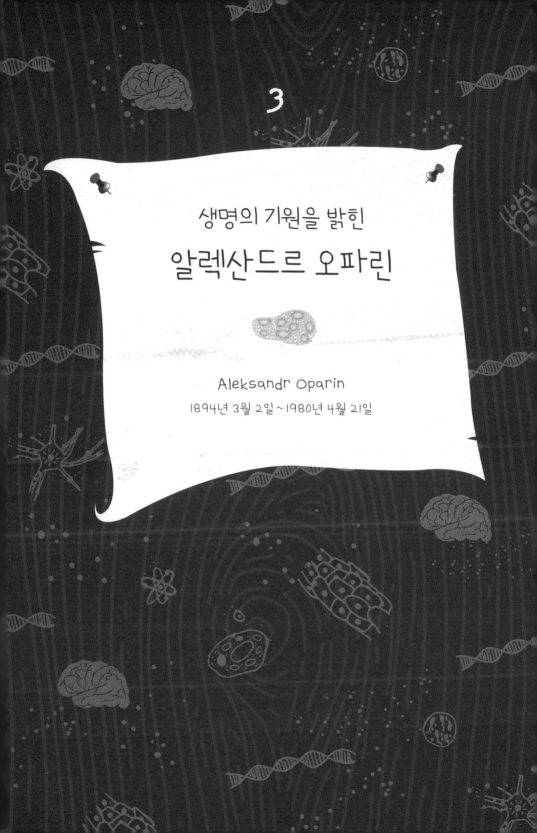

3

생명의 기원을 밝힌
알렉산드르 오파린

Aleksandr Oparin

1894년 3월 2일 ~ 1980년 4월 21일

◆ 오파린의 뇌 구조

다윈은 종의 기원을 밝혔다. 그렇다면 생명의 기원은?

유물론 사상 '오직 물질에만 정신이 있다'

자존심을 팔아 권력을 얻으려는 욕심

생명은 무기물에서 유기물로 자연스럽게 탄생했다

최초로 주장한 화학진화설 vs. 홀데인의 비슷한 생각

소련 정부의 앞잡이 활동으로 쫓겨나는 신세

원시 대기: 수증기 +암모니아+ 메탄+수소

밀러의 실험으로 증명

1단계: 저분자 유기물인 아미노산 생성

2단계: 고분자 유기물인 단백질 생성

3단계: 원시 생명체인 코아세르베이트 생성

러시아 제국의 멸망과 유물론 사상

오파린은 1894년에 러시아 제국에서 태어났
어. 러시아 제국은 오파린이 10세가 되던 해인
1904년, 조선의 이권을 두고 벌인 러일전쟁에서
일본에 패배한 뒤 국력이 급격히 약해지지만 전
쟁을 지속해 국민의 원성을 얻게 되지. 결국 오파
린이 23세가 되던 해인 1917년에 러시아혁명이
일어나면서 러시아 제국이 멸망하고 소련(소비에
트 사회주의 공화국 연방)이라는 나라가 탄생했어. 오
파린은 이런 정치적 혼란기에 자신의 연구를 진
행했던 거야.

알렉산드르 오파린

소련은 유물론 사상을 옹호하는 공산주의를 바탕으로 세워진 국가인
데 오파린의 가설은 유물론 사상에 많은 영향을 받았어. 유물론이란 '오
직 물질에만 정신이 있다'는 이론으로 영적인 존재보다 물질을 중요시하
지. 그런데 이 같은 시대 상황에서 "생명은 신이 만든 것이 아니라 물질에
서 저절로 만들어진 것이다"라고 주장한 오파린의 이론은 어떻게 받아들
여졌을까? 귀족 계층을 엎으려 한 영국 부르주아들이 다윈의 이론을 환영
했던 것처럼, 당시 종교와 결합해 있던 러시아 왕실을 몰아내려는 공산주
의 유물론 사상가들은 오파린의 가설을 지지해주었어.

파스퇴르 vs. 다윈

고대 그리스 시대에는 생명이 자연적으로 발생한다고 믿었어. 아리스토텔레스(Aristoteles)는 생명이 공기, 물, 불, 흙의 기본 원소로 이루어져 있고, 이 물질들에 혼이 들어가서 생명체가 된다고 생각했지. 그러다가 1859년 프랑스의 생화학자이자 세균학의 아버지로 불리는 루이 파스퇴르(Louis Pasteur)에 의해서 '생물은 반드시 다른 생물에서 나타난다'는 사실이 실험으로 증명되었어. 파스퇴르 이전에는 미생물도 자연적으로 발생하는 것으로 알려져 있었어. 심지어 초파리 같은 것은 아무것도 없는 공기 중에서 나온다고 믿고 있었지.

파스퇴르는 설탕을 넣은 효모액을 가열해 멸균시킨 뒤, 자신이 만든 S자 모양의 플라스크에 거의 진공에 가까운 상태로 보관했어. 이 플라스크에서는 어떠한 미생물도 자라지 않았고, 실제로 오랜 기간이 지난 뒤 여러 사람 앞에서 그 내용물을 먹어서 입증해 보였지. S자 모양의 플라스크 실험을 통해 어떤 생물도 공기 중에서 무(無)에서 유(有)로 자연적으로 발생하지 않는다는 사실을 입증한 거야.

하지만 약 10년 뒤인 1871년, 다윈이 다시 파스퇴르의 주장을 엎으며 무에서 유로 생명이 자연적으로 발생한다고 주장했어. 다만 고대 그리스 사람들의 주장처럼 포대에서 쥐가 생겨난다거나 모래에서 조개가 생겨난다는 것이 아니라, 암모니아와 인산염이 있는 따뜻한 연못에서 단백질이 화학적으로 합성되어 그 단백질이 자라서 생명이 된다고 한 것이지. 오파린은 다윈의 진화론에서 아이디어를 얻어 자기 생각을 진전시켰다고 해.

만물의 시초에 대한 신비는 우리로서는 풀 수 없는 문제이다. 그러니 나로서도 영원한 미스터리로 남겨두는 것에 만족할 뿐이다.

다윈의 자서전 『나의 삶은 서서히 진화해왔다』 중

: 연구 동기 :

오파린이 9세 때 그의 가족은 중학교가 없었던 고향 마을을 떠나 수도 모스크바로 이주했어. 1912년, 18세에 제2 모스크바체육학교를 졸업하고 모스크바국립대학교에 들어갔지. 대학에서는 농촌에서 살았던 경험을 바탕으로 식물생리학을 공부했는데, 이때 다윈의 이론에 정통한 티미랴제프(Timiryazev) 교수를 만나게 돼. 티미랴제프 교수는 1870년경에 직접 다윈을 찾아가 진화론에 대한 이야기를 나눴던 사람이야. 다윈은 당시 『종의 기원』이 출판된 지 10년 정도 지난 상태에서 지병이 악화되어 다운이라는 시골 마을에서 요양하고 있었어. 티미랴제프는 병 때문에 사람을 만나지 않으려는 다윈을 끈질기게 따라다녔고 결국 다윈과 진화론에 관해 이야기를 나눌 수 있었어. 다윈은 동물의 진화론에 대한 전문가였고, 티미랴제프는 식물 진화의 전문가였으니 둘은 동식물의 진화에 대해 많은 의견을 주고받았을 거야.

오파린은 티미랴제프 밑에서 배우면서 다윈의 이론을 자연스럽게 접하게 되었어. 다윈과 티미랴제프의 동식물 진화에 대한 의견을 들었던 오파린은 식물과 동물을 넘어서 생명은 어디에서 온 것인지에 대한 고민을 하기 시작했어. 그리고 다윈이 의문점으로 남겨둔 진화론의 첫째 장인 '생명의 기원'에 대해서 자신이 써 내려가겠다고 다짐했지.

다윈 이전 시대에는 인간을 포함한 생물들이 하느님에 의해서 갑자기 만들어졌다고 생각했어. 하지만 1859년 다윈이 『종의 기원』이라는 책을 통해 진화론을 알린 이래로 생명 탄생에 대한 생각도 바뀌게 되었어. 진화론자들은 지금과 같은 생물들이 과거의 하등 생물로부터 오랜 시간에 걸쳐 진화된 결과라고 주장했고, 대중도 다윈의 증거를 보고 진화론자들의 주장을 더 믿기 시작한 거야.

현재 학자들은 약 1500만 년 전에 원숭이에서 유인원이 분리되어 나왔고, 인류는 약 500만 년 전에 유인원의 가지에서 분리되어 나왔다고 이야기하고 있어. 그리고 종 분화 과정을 따라 이전 시대로 올라가면 포유류, 파충류, 양서류, 어류 등이 분리되어 나오던 때를 지나고, 훨씬 더 많은 시

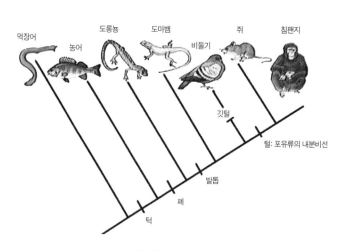

척추동물의 분화 과정

간을 거슬러 올라가다 보면 연충(지렁이와 같은 환형동물을 포함한 생물들)만 존재하던 시대를 지나 박테리아와 같은 단순한 세포 단계의 생물들만 존재하던 시대에 도달하고, 이윽고 생명의 탄생 순간에 이르게 되지. 오파린은 이 생명의 탄생 과정이 궁금했어. 1917년 대학을 졸업한 오파린은 드디어 학자로서 자기 연구를 할 기회를 잡게 돼. 당시 세계적으로 유명했던 생리학자 알렉세이 바흐(Aleksei Bakh)를 만나 정부에서 그를 위해 세운 생화학연구소에 들어가 함께 연구할 수 있게 된 것이지.

1922년, 오파린은 러시아 식물학회(Russian Botanical Society)에서 '생명의 기원'에 관한 그의 이론을 처음으로 소개했어. 처음에는 별 반응을 얻지 못했던 그의 이론은 1936년 공산주의 정부의 지원에 힘입어 책으로 출간되고 『생명의 기원The Origin of Life』이라는 이름으로 영역되어 읽히면서 전 세계에 알려지게 되었어.

: 연구 성과 :

 화학진화설을 제시하다

오파린의 제일 큰 연구 성과는 생명의 발생을 화학적으로 설명한 '화학진화설'을 제안했다는 거야. 화학진화설이란 적절한 햇빛, 열 등의 조건이 있으면 자연적으로 화학반응이 일어나 무기물이 유기물로 합성되어

실험실에서 연구 중인 오파린

생명이 탄생하게 된다는 가설이야. 오파린은 생명의 탄생 과정을 지구물리학, 화학 등 여러 다른 분야의 지식을 근거로, 생명을 지니지 않은 무기물이 생물체의 기원인 원시 생명체로 발전하였다고 최초로 주장했어.

생명의 탄생 과정을 알아보기 위해서는 먼저 지구의 탄생을 알아볼 필요가 있어. 우주가 약 137억 년 전에 시작되고 지구가 약 46억 년 전에 생겨났을 때 태초의 모습은 어땠을까? 천문학자들에 따르면 초창기의 지구는 성간물질이라는 먼지들로 이루어진 덩어리였다고 해. 그 덩어리가 압축되면서 열이 발생했는데 그 과정에서 무거운 물질들인 철, 니켈은 지구 중심부로 이동해서 지금의 핵을 이루고, 규소와 칼슘, 알루미늄과 같은 가벼운 물질들은 그 주위를 덮어서 맨틀과 지각을 형성했다는 것이지.

오파린은 지구의 열이 식으면서 표면 온도가 내려감에 따라 수증기, 수소, 메탄, 암모니아 등의 기체가 지구 주위를 덮었다고 주장했어. 또 수증기가 응축되면서 화학 반응이 활발하게 일어나는 해양과 대기가 생기게 되었고, 물질대사를 하는 단백질 방울인 코아세르베이트(coacervate)가 생겨났다고 했어. 그리고 이 코아세르베이트가 생명의 시작, 바로 원시 생명체의 기원이라고 주장했지. '생물은 생물에서만 나올 수 있다'는 파스퇴르의 주장에 반기를 들면서 무생물에서 생물이 탄생할 수 있다고 말한 거야. 물에서 생명의 기원이 탄생한 것을 볼 때, 고대 그리스의 철학자 탈레스가 "만물의 근원은 물이다"라고 한 것도 어느 정도 맞는 말이었다는

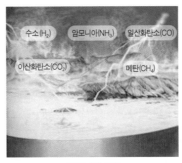

원시 대기 상태

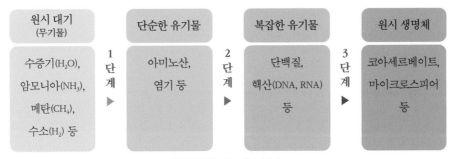

원시 대기에서 원시 생명체까지

생각이 들어.

오파린은 생명 발생의 과정을 3단계로 나누어서 구체적으로 설명했어. 1단계는 유기물의 생성 단계이고, 2단계는 단백질 생성 단계, 마지막 3단계는 물질대사(생물의 세포에서 생명을 유지하기 위해 일어나는 화학반응)를 하는 원시 생명체가 만들어지는 단계야. 오파린이 주장했던 각 단계는 이후 다른 과학자들의 실험에 의해 증명되었어.

생명 발생 과정 1단계

생명 발생의 1단계는 유기물의 생성 단계야. 무기물에서 단순한 유기물을 생성해내는 단계이지. 유기물이란 탄소가 수소, 산소, 질소, 황, 인 등과 결합한 탄소 화합물로, 생물이 살아가는 데 필요한 물질이야. 우리가 사는 지구에서는 식물이 탄소와 산소로 이루어진 무기물인 이산화탄소로 포도당이라는 유기물을 만들어내고, 동물은 식물이 만들어낸 유기물을 먹고 생명 활동에 필요한 유기물을 만들어내고 있지.

연구에 앞서 오파린은 원시 지구의 대기 상태에 주목했어. 원시 지구의 대기는 산소가 없고 수중기와 암모니아, 메탄, 수소, 이산화탄소 등으로 이루어져 있었다고 가정했어. 오존층이 없어서 자외선이 그대로 들어와 공중에서 전기가 생성되는 방전 작용이 일어날 수 있었고, 태양에서 나오는 열이나 방사능 등으로 에너지가 충만했을 것이라 생각했지. 오파린은 이런 불안정한 대기 상태에서 가장 간단한 탄화수소 구조를 가진 메탄(CH_4)이 에너지를 받아 물과 수소, 암모니아와 반응해 알코올이나 아민, 포름알데히드 등의 분자들이 만들어진다고 보았어.

수소

산소   탄소

포도당($C_6H_{12}O_6$)의 분자구조

이 분자들이 화학반응을 일으켜 포도당 같은 유기물을 만들어낸 것이라는 가설은, 1953년 미국 시카고대학의 대학원생이던 스탠리 밀러(Stanley L. Miller)가 실험을 통해 증명해 보였어. 밀러는 원시 지구와 유사한 대기 환경을 재현할 수 있는 장치를 고안한 뒤 실험실에서 전기 방전을 가해 유기물인 아미노산을 합성해냈지. 밀러의 실험 결과를 보고 그간 오파린의 가설을 믿지 않았던 많은 사람들이 무기물에서 유기물이 생성될 수 있다는 사실을 믿게 되었으니, 오파린이 밀러에게 많이 감사해야 했을 거야.

생명 발생 과정 2단계

생명 발생의 2단계는 단백질 생성 단계야. 1단계에서 만들어진 단순한 형태의 유기물이 복잡한 형태의 유기물인 단백질로 생성되는 단계이지. 아미노산(생물의 몸을 구성하는 단백질의 기본 구성단위) 같은 단순한 형태의 유기물은 고온 고압의 상황에 있게 되면 펩타이드 결합이라는 결합 작용이 일어나서 단백질을 형성하게 돼. 오파린은 원시 지구의 대기에서 생성된 유기물이 빗물과 함께 떨어져 쌓이면서 원시 바다 속이 유기물로 가득해졌고, 이 유기물들이 화학반응을 일으켜 단백질이나 핵산 같은 복잡한 유기물이 되었다고 생각했어. 이 과정도 1964년 미국의 생화학자 시드니 폭스(Sidney W. Fox)가 뜨겁고 건조한 조건에서 아미노산을 폴리펩타이드로 합성하는 데 성공함으로써 증명해냈지.

생명의 발생 과정 3단계

생명 발생의 3단계인 물질대사 단계를 설명하기 위해서 먼저 생명의

생명이란?

1 세포로 구성	모든 생명체는 세포로 구성되어 있다.
2 발생과 생장	구성된 세포가 커지거나 분화되어 늘어나게 된다.
3 생식과 유전	생명체는 자신의 자식을 낳아 번성하고자 한다.
4 물질대사	세포 구성 성분을 만들거나(동화작용) 에너지를 생성하는 작용(이화작용)을 한다.
5 자극에 대한 반응	외부 환경의 자극에 대해 반응을 한다.
6 항상성	외부 환경의 자극에 대해 신체 내부의 변화를 줄여서 항상 일정한 상태를 유지하려 한다.
7 적응과 진화	자신의 유전자를 자손에게 전하면서 종 전체는 자연선택 과정을 통해 진화한다.

특성에 대해 알아볼 필요가 있어. 학계에서는 생명의 특성을 다음과 같이 7가지로 합의하고 있어. 오파린은 이 중에서 '물질대사'를 생명의 주요한 특징이라고 주장했지.

생명 발생의 3단계는 바로 물질대사가 일어나는 단계야. 생물이 유기물을 분해하면서 에너지를 얻거나 세포 구성 성분을 합성하는 단계이지. 오파린은 이러한 물질대사 활동이 일어나야 비로소 '생명이 생겨났다'고 할 수 있는 것이라 주장했어. 물질대사 과정은 생물의 세포에서 생명을 유지하기 위해 반드시 일어나는 화학반응으로 동화작용(anabolism)과 이화작용(catabolism)으로 나누어져. 동화작용은 에너지를 이용하여 단백질이나 핵산과 같은 세포 구성 성분을 합성하는 반응이고, 이화작용은 세포 호흡을 통하여 유기물을 분해하고 에너지를 얻는 반응이야.

오파린은 생명 발생 과정의 2단계에서 형성된 단백질이 모여 간단한 막을 가진 '코아세르베이트'라는 단백질 액체 방울이 되고, 여기에서 물질대사가 일어나 생명체로서의 활동을 시작한다고 생각했어. 그리고 이 과정에서 다윈의 자연선택에 의한 진화 과정이 적용된다고 보았지. 자세히 설명해보면 코아세르베이트 내에서는 분해와 합성이 동시에 일어나는데 분해가 더 활발히 일어나는 코아세르베이트는 스스로 분해되어 사라지고, 합성이 더 활발히 일어나는 코아세르베이트는 살아남아 진화를 했다는 것이지.

오파린은 코아세르베이트가 원시 바다 속에서 성장하면서 원시 생물이 되었을 거라고 판단했어. 원시 바다 속에는 각종 유기물이 존재했는데 그때에는 이를 분해하는 생물이 없었기 때문에 코아세르베이트의 재료들이

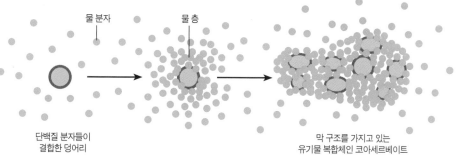

물 분자

물 층

단백질 분자들이
결합한 덩어리

막 구조를 가지고 있는
유기물 복합체인 코아세르베이트

코아세르베이트의 생성

제법 쌓여 있었을 거야. 코아세르베이트는 이런 유기물 더미에서 만들어
지는데 실제로 실험을 통해 젤리 같은 용액에서 코아세르베이트를 만들
수 있어.

코아세르베이트는 다른 물질들을 흡수하면서 생장, 분열이 일어나. 특
히 지방을 흡수하면 바깥쪽에 단백질과 지방의 이중막이 형성되고, 이런
이중막을 통해 주위 물질을
잡거나 외부 물질을 흡수해
몸집을 키우지. 그리고 일
정한 크기가 되면 분열하여
자손을 늘려. 오파린은 이
코아세르베이트가 생명의
기원이며 원시 바다에는 이

코아세르베이트 만들기
1퍼센트의 젤라틴 용액과 1퍼센트의 고무 용액을
섞은 뒤 0.1mol(몰: 물질의 입자수를 나타내는 단위)의
묽은 염산을 떨어뜨리면 코아세르베이트가 만들어
진다.

러한 코아세르베이트가 무수히 많았을 것이고, 원시 대기에는 산소가 없
었기 때문에 코아세르베이트에서 생겨난 최초의 생명체는 무산소 상태에
서 살 수 있는 생물이었을 것으로 추측했어.

'생명의 기원'을 찾아서

오파린은 논문을 발표한 뒤 1924년에 자기 주장을 러시아어로 정리해서 『생명의 기원』이라는 이름의 소책자로 출판했어. 그런데 1929년, 영국의 생리학자 홀데인(J. B. S. Haldane)도 비슷한 내용을 발표했어. 그의 생각이 오파린의 생각과 약간 달랐던 점은, 뜨거운 묽은 죽과 같은 상태의 지구 표면에서 끈적이는 막으로 둘러싸인 세포들이 만들어져 생명이 시작되었을 것으로 생각했다는 거야. 그래서 학계에서는 이 두 가설을 합쳐서

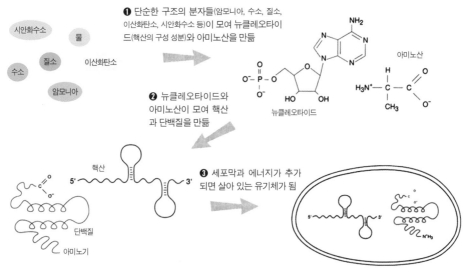

❶ 단순한 구조의 분자들(암모니아, 수소, 질소, 이산화탄소, 시안화수소 등)이 모여 뉴클레오타이드(핵산의 구성 성분)와 아미노산을 만듦

❷ 뉴클레오타이드와 아미노산이 모여 핵산과 단백질을 만듦

❸ 세포막과 에너지가 추가되면 살아 있는 유기체가 됨

시안화수소　물　수소　질소　이산화탄소　암모니아

아미노산

뉴클레오타이드

핵산　5'　3'　단백질　아미노기

오파린-홀데인 가설

알렉산드르 오파린　　　　　　존 버든 샌더슨 홀데인

'오파린-홀데인 가설'이라고 부르기도 해.

오파린의 가설에 영향을 받고, 그 가설에 결정적인 증거를 제시한 사람은 앞서 애기했던 밀러라고 볼 수 있어. 1953년 유리(H. Urey) 교수 밑에서 오파린의 가설을 실험으로 증명했기 때문에 '유리-밀러 실험'이라고도 하지. 무기물에서 유기물이 만들어질 수 있음을 처음으로 증명한 이 실험 과정에 대해 좀 더 알아볼까?

밀러는 오파린이 이야기한 것처럼 산소를 제거한 플라스크에 따뜻한 물을 담고 그 속에 메탄(CH_4), 수증기(H_2O), 암모니아(NH_3), 수소(H_2)를 넣어 원시 지구 상태의 대기 혼합물을 만들었어. 그리고 오존층이 없던 원시 지구가 현재 지구보다 에너지를 더 많이 가지고 있었을 것이라 생각해서 혼합물에 전기 방전으로 불꽃을 일으켜 인공 번개 형태로 에너지를 가했지. 이 장치로 일주일 동안 실험한 끝에 유리관에 갈색의 액체를 얻게 되었는데, 이 액체를 분석해보니 아미노산 같은 유기물이 포함되어 있었어. 생명체에서 사용되는 20가지의 아미노산 중에서 13가지의 아미노산이 검출되었고, 이로써 무기물에서 유기물이 생성된다는 오파린의 가설을

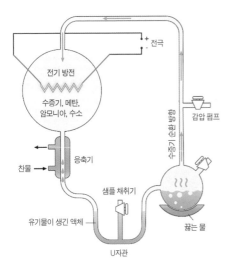

밀러의 실험 기구와 실험 과정

스탠리 밀러

Table 2. Yields from sparking a mixture of CH_4, NH_3, H_2O, and H_2; 710 mg of carbon was added as CH_4.

Compound	Yield [moles ($\times 10^6$)]
Glycine	63.
Glycolic acid	56.
Sarcosine	5.
Alanine	34.
Lactic acid	31.
N-Methylalanine	1.
α-Amino-*n*-butyric acid	5.
α-Aminoisobutyric acid	0.1
α-Hydroxybutyric acid	5.
β-Alanine	15.
Succinic acid	4.
Aspartic acid	0.4
Glutamic acid	0.6
Iminodiacetic acid	5.5
Iminoacetic-propionic acid	1.5
Formic acid	233.
Acetic acid	15.
Propionic acid	13.
Urea	2.0
N-Methyl urea	1.5

밀러가 생성한 물질들을 기록한 자료

증명할 수 있었지.

$$CH_4 + NH_3 + H_2O + H_2 \xrightarrow{\text{전기 방전}} 유기 분자$$

메탄　암모니아　물　수소　　　　　　　　　(아미노산 등)

아미노산($NH_2CHR_n COOH$) 생성 화학식

　1959년, 폭스는 밀러에 의해서 만들어진 간단한 유기물들이 복잡한 유기물로 되는 과정을 '마이크로스피어 모델'로 설명했어. 마이크로스피어(microsphere)는 아미노산이 모여 만들어진 안정적인 단백질 덩어리야. 실제로 습한 대기에서 생성된 아미노산들이 화산 주위의 열로 건조되는 과정에서 프로테노이드(protenoid)로 변하고, 이후 비에 씻겨 내려가 호수나 온천과 같은 곳에 프로테노이드가 모여 마이크로스피어가 된다고 주장했지. 폭스는 이러한 과정을 통해 단백질뿐만 아니라 여러 가지 다양한 원시세포가 만들어진다고 생각했어.

　또 폭스는 밀러와는 다르게 단백질이 생성되는 에너지원을 화산의 용암열이라고 믿었어. 그는 실험에서 여러 가지 아미노산들을 섞은 뒤 섭씨 140~180도로 가열하여 4시간을 두었다가 천천히 냉각시킴으로써 2마이크론 크기의 마이크로스피어라는 아미노산 덩어리를 만들어냈어. 코아세르베이트와는 달리 마이크로스피어는 다른 아미노산이 들어옴에 따라 효소의 역할을 하면서 보다 더 생명으로서의 특징을 보여주었지.

　최근에도 화학진화설의 증거를 찾기 위한 연구들이 진행되고 있는데, 2014년에는 체코의 치비시(Svatopluk Civiš) 박사와 그의 연구팀이 레이저

지구 생명의 흔적인 녹조류 화석

실험을 통해 원시 지구에서 간단한 물질로부터 RNA나 DNA를 구성하는 물질이 만들어질 수 있다는 사실을 증명했어. 원시 대기에 확실히 존재했을 것으로 생각되는 포름아미드(formamide)라는 단순 화합물에 고온의 레이저를 쏴서 소행성 충돌 때 발생하는 것과 맞먹는 열을 재연했는데, 이 과정을 통해 포름아미드가 A(아데닌), G(구아닌), T(티민), C(사이토신)의 염기들을 만들어내는 데 성공했지. 염기들은 유전에 필요한 RNA(리보 핵산)와 DNA(데옥시리보 핵산)의 구성물질이기 때문에 생명의 기원에 중요한 증거를 제시한 셈이야.

오파린의 가설에 대한 반론들

오파린의 화학진화설은 물론 매우 신선하고 현재까지도 과학계에 큰 영향력을 행사하고 있지만, 그 가설들이 무조건 정답으로 확증된 것은 아니야. 1980년대부터 많은 과학자가 오파린과 밀러의 가설이 잘못되었다고 지적하고 있고 현재까지도 많은 반론이 제기되고 있어. 화학진화론자들도 그 반론들에 적절한 해답을 주지 못하는 상황에서 오파린의 주장은 '이론'이 아닌 '가설'로 남아 있지.

첫 번째로 제기되고 있는 반론은 대기 상태의 성질에 대한 것이야. 오파린이 가정한 대기 상태와 원시 대기 상태는 달랐을 것이라는 말이지. 오파린과 밀러의 주장에 따르면 원시 지구의 대기는 환원성 대기(환원력이 강한 대기, 수소와 전자를 주어 다른 물질을 환원시키려는 대기) 상태지만, 실제로는 산화성 대기 상태라고 반론하고 있어.

	산화	환원
산소	얻는다	잃는다
수소	잃는다	얻는다
전자	잃는다	얻는다

- 산화력: 전자를 빼앗아 다른 물질을 산화시키는 힘
- 환원력: 전자를 주어 다른 물질을 환원시키는 힘

두 번째 반론으로는 대기의 구성 성분에 대한 것인데, 반대론자들은 오파린과 밀러가 생각했던 수소, 메탄, 암모니아 등의 기체들이 원시 대기를 구성하지 않았다고 보고 있지. 특히 수소는 너무 가벼워서 지구의 중력이 붙잡지 못하기 때문에 원시 대기의 재료가 될 수 없다고 주장했어.

세 번째로, 밀러가 방전하는 데 사용했던 전기 또한 실제의 번개와는 차이가 있다는 반론이야. 밀러의 방전에 쓰인 전기는 6만 볼트의 크기로서 자외선만 나와 유기물을 생성해주는 반면, 실제 번개는 15만 볼트로서 엑스선, 감마선 등의 강한 파(波)가 나오기 때문에 유기물을 파괴하기만

할 뿐 생성하는 데 도움이 되지 않는다는 것이지.

그 외에도 서로 뭉칠 만큼 코아세르베이트의 양이 충분했는지, 바다 표면에서 뭉쳐진 코아세르베이트들이 복잡한 집합체를 형성할 정도로 충분한 시간이 있었는지에 대한 의문들도 제기되었어. 그래도 현재까지는 생명 탄생을 과학적으로 밝히는 가장 유력한 학설로 인정받고 있고, 아직도 다양한 방법으로 재현되면서 반론을 겪는 실험 결과들이 행해지고 있는 상황이야.

: 우리 삶에 미친 영향 :

오파린이 제기했던 생명의 탄생에 대한 주장은 여러 실험을 통해 입증되어 대중적으로 화학진화설에 대한 관심을 불러일으켰고, 생명의 기원과 생명의 특성에 대한 의제를 우리에게 던져주었어. 다음에 나오는 그림은 현대의 학자들이 유전자 분석을 통해서 새롭게 알아낸 '생명의 나무(Tree of Life)' 계통도인데. 각각의 종들의 유연관계(유전학적으로 가깝거나 먼 관계)를 나타내고 있지. 그림에서 보면 우리 인간도 박테리아의 한 갈래에서 나온 진핵생물의 한 가지(branch)에 불과하다는 것을 알 수 있어. 인간은 오른쪽 아래 초록색 가지의 어딘가에 있겠지? 오파린은 자신의 가설을 통해서 우리 인간은 작은 세포로부터 진화해왔다고 알려주었어.

진화학자들은 진화를 대진화와 소진화로 나누어서 이야기하는데, 대

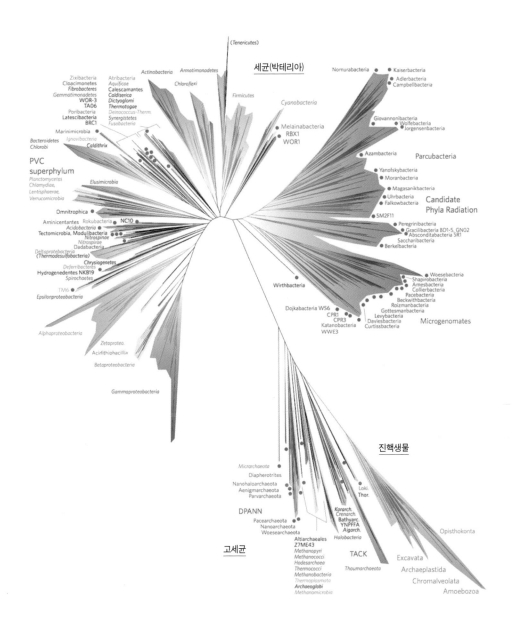

'생명의 나무' 계통도.

92종의 박테리아와 26종의 단세포 고세균,
5개의 진핵생물 그룹이 포함되어 있다.

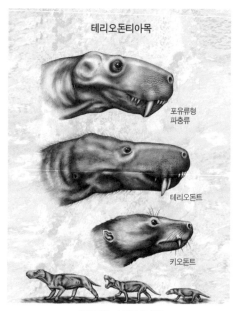

테리오돈티아목

포유류형
파충류

테리오돈트

키오돈트

포유류형 파충류의 진화

진화는 종 자체가 아예 바뀌는 진화이고, 소진화는 종 내에서 바뀌는 진화를 말해. 예를 들어 '포유류형 파충류'로부터 후손인 테리오돈트 (theriodont)라는 파충류가 진화하고, 그 후손인 키노돈트(cynodont)로부터 포유류가 진화한 것은 대진화에 속해. 인간이란 종이 흑인에서 백인과 황인으로 퍼져 나간 것은 소진화라고 할 수 있지. 오파린 덕분에 지구의 생명이 어떻게 탄생했는지에 대한 궁금증을 과학적으로 검증하고 앞으로 생명체들이 어떻게 진화해 나갈지에 대한 방향성을 추측해볼 수 있게 되었어.

그런데 오파린이 죽은 뒤 생명체의 흔적이 있는 운석이 발견되기 시작했어. 1984년에 남극의 운석에서 박테리아 화석이 발견된 거야. 학계에서는 무생물에서 생물이 생겼다고 주장한 오파린의 이론이 실험으로 검증되기 힘들다는 이유로 반론들이 제기되는 상황이었어. 그래서 몇몇 과

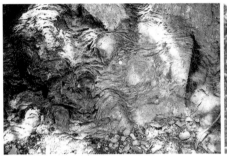
원시 지구의 박테리아 화석

1984년에 발견된 박테리아 화석

학자들은 오파린의 생각과는 달리 외계에서 최초 생명체가 와서 지구에 퍼지기 시작했다는 가설을 주장하기도 했지.

과학자는 정치가?

오파린도 다윈처럼 살아생전에 사회적으로 많은 명성을 쌓았어. 1948년, 소련 과학아카데미의 생물학 최고책임자로 지내기도 했고 1951년에는 소련 최고소비에트(평의회)의 의원이 되기도 했지. 그런데 오파린은 스탈린(소련의 독재자)이 자신의 원고를 검사하게 하는 등 학자가 지녀야 할 자존심마저 팔아 권력을 얻고자 했어. 그는 이렇게 잡은 권력으로 과학계에서 많은 횡포를 부렸는데, 자기 생각과 다르다는 이유로 유전학자들을 쫓아내기도 했어. 또한 완벽하게 실험으로 검증된 멘델의 유전학은 부정

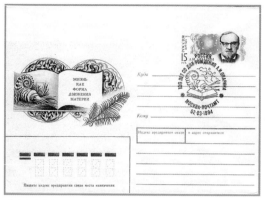
러시아 엽서에 나온 오파린

오파린의 묘비

하고, 잘못된 주장으로 확인된 용·불용설은 맞는 이론이라고 억지를 부리기도 했지. 이 때문에 학계에서는 그를 비판하는 소리가 높았어. 말년에 오파린은 정권이 바뀌면서 소련 정부의 앞잡이 노릇을 한 행동과 불법 행위를 하는 농업 과학자를 도와준 일들로 탄원을 받게 돼. 그 결과, 과학아카데미의 최고책임자 자리에서 쫓겨나는 수모를 겪기도 했어.

용·불용설
라마르크에 의해서 제기된 진화 이론으로, 살아 있는 동안 획득한 형질이 유전된다는 이론이다. 이는 오류로 판명 났다.

오파린을 비롯해 정치와 결탁한 과학자들에 의해 좌지우지되던 소련 생물학계는 진리 추구가 아닌 정치적 입김만 난무했고 진리 탐구는 뒷전이었어. 진리를 발견하는 자가 인정받는 학계가 아닌, 정치적으로 간에 붙었다 쓸개에 붙었다 하는 자가 권력을 잡고 유명해지는 학계에서는 더 이상 학문의 발전이 있을 수 없었지.

정치적 힘을 동원해 자신의 이론을 알렸던 오파린의 삶은 성공한 삶이었을까? 아니면 살아생전에는 제대로 평가받지 못했지만 자신의 이론에 확신을 갖고 꿋꿋이 살았던 멘델과 같은 과학자들의 삶이 성공한 삶일까? 랠프 왈도 에머슨(Ralph Waldo Emerson)이 자신의 시에서 말한 것처럼 "자기가 태어나기 전보다 세상을 조금이라도 살기 좋은 곳으로 만들어놓고 떠나는 것, 자신이 한때 이곳에 살았기에 단 한 사람의 인생이라도 행복해지는 것"이 바로 진정한 성공이 아닐까?

창조론 vs. 진화론

생명의 기원에 대한 논의는 비단 오파린의 시대에만 국한되었던 것이 아니라 인간이 역사를 기록하면서부터 이어져왔던 의문이었어. 생명의 기원에 대한 생각을 꼬리에 꼬리를 물고 하다 보면, 결과적으로 세상에 대한 생각에 도달하게 되고 창조론과 진화론의 이야기도 하게 되는 것 같아. 진화론자들의 입장에서 보면 빅뱅에 의해 지구가 생겨나 작은 진핵생물로부터 어류, 양서류, 파충류, 포유류의 과정을 거쳐 유인원에 이르게 되고, 거기에서 나온 가지가 현재 인류의 기원이 되었다고 할 수 있어. 그런데 창조론자의 입장에서 보면 아무것도 없는데 빅뱅이 일어날 수는 없으니 최초의 손길에는 하느님의 뜻이 있어야 하는 거야. 그리고 인류가 단순히 자연선택에 의해 진화가 되었다고 보기에는 너무 우연성이 심하다고 할 수 있지.

창조론과 진화론에 관한 문제는 현재까지도 아주 예민한 문제로 남아 있어. 오파린은 이에 대해 공산주의 유물론 사상을 따라 무조건 신의 존재를 부정했지. 그 결과 오파린의 가설은, 종교 지도자들을 탄압하는 데 사상적 기반을 마련하는 잘못을 저지르기도 했어. 반면, 무조건 진화설을 부정하고 트집 잡는 종교 지도자들의 입장에 대해서도 바람직하다고만은 할 수 없을 거야. 우리가 살고 있는 세계는 신에 의해 창조된 세계일까?

아니면 137억 년 전 빅뱅이 일어나고 무기물에서 생명이 탄생한 뒤 긴 세월 동안 진화해온 세계일까?

생명은 그 여러 가지 능력과 함께 맨 처음에 '창조주'에 의해 소수의 것, 혹은 단 하나의 형태로 불어넣어졌다는 이 견해, 그리고 이 혹성이 확고한 중력의 법칙에 의해 회전하는 동안에 그토록 단순한 발단에서 극히 아름답고 경탄할 만한 무한의 형태가 생겨나고 진화되고 있다는 이 견해 속에는 장엄함이 깃들어 있다.

다윈의 『종의 기원』 중

지구 밖 생명체의 존재?

운석에서 박테리아 화석이 발견된 사실은 지구 이외의 장소에 지적 생물체가 존재할 가능성에 대한 인류의 호기심을 자극했지. 1957년 우주에 최초로 쏘아 올린 소련의 인공위성 스푸트니크 1호를 기점으로 인간이 가진 우주에 대한 호기심은 점점 더 커져갔고, 1997년에 발사된 화성 탐사선 패스파인더(Pathfinder)호의 임무 중에는 생명체의 존재에 대해 알아보는 것도 있었지. 하지만 아직 우리은하에서는 지구 이외의 장소에서 사는 생명체를 확인하진 못했어.

지구가 속해 있는 우리은하에서 생명체를 찾을 수 없다면, 우리은하를 벗어난 다른 은하에서는 존재하는지 생각해봐야겠지? 미국의 천문학자 프랭크 드레이크(Frank Drake)는 인간과 교신할 수 있는 지적인 외계 생명체의 수를 계산하는 방정식을 직접 세우고 각각의 상수들의 추정치를 통해 10개 정도의 지적 문명이 있을 거라고 추정했어. 우리 인간 또한 무기

드레이크 방정식 $N = R* \times f_p \times n_e \times f_i \times f_i \times f_c \times L$

N : 우리은하 안에 존재하는 교신이 가능한 문명의 수

R* : 우리은하 안에서 1년 동안 탄생하는 항성의 수 (= 우리은하 안의 별의 수/별의 평균 수명)
　　[R* = 10/년]

f_p : 항성이 행성을 갖고 있을 확률 (0에서 1 사이) [f_p = 0.5]

n_e : 항성에 속한 행성 중에서 생명체가 살 수 있는 행성의 수 [n_e = 2]

f_i : 조건을 갖춘 행성에서 실제로 생명체가 탄생할 확률 (0에서 1 사이) [f_i = 1]

f_i : 탄생한 생명체가 지적 문명체로 진화할 확률 (0에서 1 사이) [f_i = 0.01]

f_c : 지적 문명체가 다른 별에 자신의 존재를 알릴 수 있는 통신 기술을 갖고 있을 확률
　　(0에서 1 사이) [f_c =0.01]

L : 통신 기술을 가진 지적 문명체가 존속할 수 있는 기간 (단위: 년) [L = 1만 년]

물에서 왔을 거라는 생각에 기반을 두었을 때, 다른 세계에도 원시 지구와 같은 환경을 제공한다면 생명이 탄생할 수 있다는 가능성이 열려 있는 것이지.

　드레이크는 각각의 값에 추정치([ ] 안의 값)를 계산해 넣었는데 그 결과에 따르면 10개의 지적 문명을 가진 생명체가 존재한다는 계산이 나와. 하지만 식에서 L값(통신 기술을 가진 지적 문명체가 존속할 수 있는 기간)을 얼마로 보느냐에 따라 결과값이 크게 달라져서, 적게는 10개에서 많게는 수조 개까지 다르게 나올 수가 있어.

오파린의 결정적 시선

⭐ 자기 연구에 대한 확신

오파린은 지구의 열이 식으면서 표면 온도가 내려감에 따라 수증기, 수소, 메탄, 암모니아 등의 기체가 지구 주위를 덮었다고 주장했어. 또 수증기가 응축되면서 화학 반응이 활발하게 일어나는 해양과 대기가 생기게 되었고, 물질대사를 하는 단백질 방울인 코아세르베이트(coacervate)가 생겨났다고 했어. 그리고 이 코아세르베이트가 생명의 시작, 바로 원시 생명체의 기원이라고 주장했지. '생물은 생물에서만 나올 수 있다'는 파스퇴르의 주장에 반기를 들면서 무생물에서 생물이 탄생할 수 있다고 말한 거야.

⭐ 대중적 관심을 불러일으킴

오파린이 제기했던 생명의 탄생에 대한 주장은 여러 실험을 통해 입증되어 대중적으로 화학진화설에 대한 관심을 불러일으켰고, 생명의 기원과 생명의 특성에 대한 의제를 우리에게 던져주었어. 오파린은 자신의 가설을 통해서 우리 인간은 작은 세포로부터 진화해왔다고 알려주었어.

★ 행동력과 의지

오파린은 티미랴제프 밑에서 배우면서 다윈의 이론을 자연스럽게 접하게 되었어. 다윈과 티미랴제프의 동식물 진화에 대한 의견을 들었던 오파린은 식물과 동물을 넘어서 생명은 어디에서 온 것인지에 대한 고민을 하기 시작했어. 그리고 다윈이 의문점으로 남겨둔 진화론의 첫째 장인 '생명의 기원'에 대해서 자신이 써 내려가겠다고 다짐했지.

★ 학문 간의 융합

오파린은 생명의 탄생 과정을 지구물리학, 화학 등 여러 다른 분야의 지식을 근거로, 생명을 지니지 않은 무기물이 생물체의 기원인 원시 생명체로 발전하였다고 최초로 주장했어.

오랑우탄의 어머니

비루테 갈디카스

Biruté Galdikas

1946년 5월 10일 ~ 현재

◆ 갈디카스의 뇌 구조

존 매키넌의
충격적인
연구 결과

인도네시아
보르네오섬의
탄중푸팅
국립공원

내 사랑
오랑우탄

반고독 사회

도구 사용

의사표현

두 달 만에 만난
오랑우탄
베스와 버트

리키 교수님

오랑우탄이
멸종하면
안 돼…

유인원들

사냥으로
희생되는
오랑우탄

고릴라   침팬지

다이앤 포시
선배님

제인 구달
선배님

오랑우탄
관광산업으로
오랑우탄을
지키자

현지인들과의
충돌로
살해당함

오랑우탄을 찾아 보르네오섬으로

갈디카스가 오랑우탄을 연구하기 위해서 찾은 인도네시아의 보르네오 섬은 지구상에서 세 번째로 큰 섬으로, 적도가 지나는 열대 섬이야. 인도네시아의 2017년 1인당 GDP는 4000달러(한화로 약 440만 원)밖에 안 되는데, 인도네시아에서도 개발이 거의 되지 않은 오지여서 원시적인 생활을 하고 있었지. 식인 관습도 있던 곳이라 갈디카스가 찾아갈 당시에도 조상의 뼈를 파낸 뒤 그 뼈를 들고 춤추는 전통이 남아 있었다고 해. 인류학자로서 원시적인 인류가 사는 오지로 그보다 더 원시적인 유인원을 연구하러 가는 일은 왠지 타임머신을 타고 인류의 조상을 보러 가는 느낌일 거야. 아마 갈디카스도 설레는 마음을 안고 탄중푸팅(Tanjung Puting) 국립공원으로 향했겠지?

오랑우탄(Orangutan)은 '숲에 사는 사람'이라는 뜻이야. 어원을 살펴보면 '오랑(orang)'은 숲이고, '우탄(hutan)'은 사람을 의미하지. 이름처럼 오랑우탄은 말레이시아와 인도네시아의 열대 숲에 살고 있어. 열대 숲, 곧 열대우림에서 사는 건 그렇게 호락호락하지 않아. 열대우림의 다른 별명이 '가짜 낙원'이라고 하는 것만 보아도 짐작할 수 있을 거야. 식물들이 빽빽하게 자라고 있어서 먹을 것이 넉넉할 거라 생각하지만 실제로 먹을 만한 식물들은 그리 많지 않거든! 갈디카스는 지금도 이 '가짜 낙원'에서 오랑우탄을 연구하고 보호하는 활동을 하며 지내고 있어.

인류학 계보를 잇다

유인원 연구의 시작

우리의 몸에는 유인원에서 진화한 흔적이 남아 있는 기관들이 많이 있어. 대표적으로 꼬리가 있던 흔적인 꼬리뼈가 있고, 겁에 질렸을 때 몸이 커 보이도록 털을 세워 적을 위협하는 데 쓴 닭살도 있지. 1868년, 다윈은 자신의 흉상을 제작하러 온 조각가 토머스 울너(Thomas Woolner)의 튀

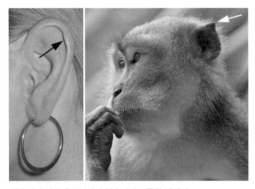

사람 귀에 남은 흔적기관과 원숭이의 뾰족한 귓바퀴

어나온 귓바퀴를 보고 이것이 인류가 유인원에서 기원한 증거라고 생각했어. 귓바퀴는 유인원이나 원숭이의 뾰족한 귀 끝 모양이 퇴화해서 남은 흔적기관이거든. 1871년에 다윈은 『인류의 유래와 성 선택』이라는 책을 통해 인간이라는 종에 대한 자신의 이론을 밝혔고, 그 후 인류학자들은 유인원에 대한 연구를 꾸준히 해왔지. 갈디카스도 이러한 인류학자들의 계보를 이어 유인원을 연구하고 있는 거야.

유인원(類人猿, Ape)이라는 종은 말 그대로 인간이랑 유사한 동물로 영장목 사람상과(Hominoidea)에 속해. 유인원의 종류에는 긴팔원숭이, 침팬지, 고릴라, 오랑우탄, 보노보 그리고 인간도 포함시키는 학자들이 있어서 총 6종이 있어. 이 가운데 대형 유인원인 침팬지, 고릴라, 오랑우탄과 인간과의 관계에 대해서는 많은 학자가 관심을 갖고 연구하고 있지.

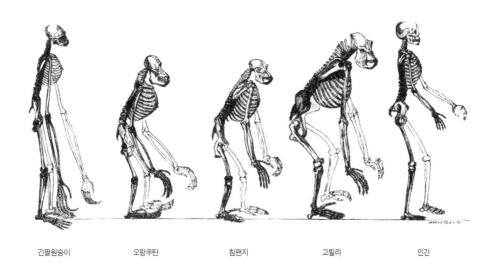

| 긴팔원숭이 | 오랑우탄 | 침팬지 | 고릴라 | 인간 |

인간과 주요 유인원의 골격 차이

유인원은 다른 영장류와는 다르게 꼬리가 없고 사람처럼 직립보행도 가능해. 하지만 인간과의 차이점도 분명히 있는데 이에 대해서는 학자마다 의견이 분분해. 어떤 학자들은 인간과 유인원의 차이가 뇌의 크기나 도구를 만드는 능력이라고 생각하고 있어.

갈디카스는 인간과 유인원의 가장 큰 차이를 직립보행 능력과 언어라고 보고 있어. 인간은 해부학적으로 다른 유인원들보다 평지에서 잘 뛰어다닐 수 있는 구조로 되어 있는데, 초기 인류가 음식물을 찾아 먼 거리를 이동해야 했을 때 직립보행이 4족 보행보다 효율이 더 좋기 때문에 생존 확률이 더 컸어. 발성기관은 복잡한 발음을 할 수 있도록 진화하면서 고차원적인 언어까지 구사할 수 있었지.

인간은 직립보행의 이점을 얻기 위해 발은 평평해지고 발가락은 붙잡는 능력을 거의 상실했다. 하지만 손은 붙잡는 용도로, 발은 걷는 용도로 완전해진 것은 동물계의 생리학적 분업의 원리에 부합한다.

다윈의 『종의 기원』 중

유인원에 대한 연구가 처음 시작된 것은 1920년대부터야. 미국 예일대학교 영장류 실험실의 로버트 여키스(Robert Yerkes)는 "침팬지는 정신생물학의 보고이다"라는 유명한 말을 남겼고 이 말을 시작으로 유인원 연구의 시대가 열렸지.

1959년에는 영국의 인류학자인 루이스 리키(Louis Leakey)가 28년 동안 케냐 나이로비의 지층에서 인류의 조상을 찾아 헤맨 끝에 유인원 화석을 발견했어. 300만 년 전의 오스트랄로피테쿠스보다 더 진화된, 200만 년 전의 종인 호모 하빌리스의 화석이었어. 호모 하빌리스는 도구를 사용할 줄 아는 인간이라는 뜻이야. 리키는 이 화석이 인류의 기원이라 발표하고

호모 하빌리스

세계적인 스타 학자가 되어 모두의 관심을 받게 되지. 그리고 실제로 살아 있는 유인원 연구를 통해 인류의 기원에 대한 생생한 증거를 찾고자 연구자들을 모집했어. 이렇게 모인 세 명의 연구자가 바로 침팬지를 연구한 제인 구달(Jane Goodall), 고릴라를 연구한 다이앤 포시(Dian Fossey), 오랑우탄을 연구한 비루테 갈디카스(Birute Galdikas)야.

질적 연구 방법이란?

루이스 리키의 지원을 받은 세 명의 여성 과학자들은, 서로 정보와 방

법들을 공유하면서 지금까지 해오던 남성 과학자들의 연구와는 전혀 다른 방식으로 연구를 했어. 기존의 현장 연구에 적용했던 양적 연구 방식이 아닌, 질적 연구 방법을 도입한 거야. 양적 연구와 질적 연구가 뭐냐고? 둘 다 연구를 하는 방식인데, 양적 연구는 정량적인 통계 결과를 가지고 가설을 검증하는 방법이야. 이 방법은 연구 대상 하나에 초점을 맞추기보다는 많은 대상의 경향을 분석하는 데 쓰이지. 반면에 질적 연구는 한 연구 대상을 질적으로 깊이 관찰하면서 가설을 만들어가는 방법이야.

세 학자는 질적 연구 중에서도 문화 기술지[ethnonographic research: 민족(속)지학 연구라고도 한다]라는 연구 방법을 사용했어. 연구 대상을 깊이 관찰하기 위해 그 문화 공간에 직접 들어가서 관찰하고 연구하는 방법이야. 갈디카스도 인도네시아에 가서 오랑우탄 무리에 직접 뛰어들어 관찰했지. 갈디카스의 연구 결과들을 정리한 책의 장(章) 제목만 봐도 연구 방법이 독특하다는 것을 알 수 있어. 애크매드, 루이스, 카라, 베스 등 장 제목을 오랑우탄별로 이름 붙이고 그 특징들을 정리한 거야. 기존의 양적 연구자들과는 다르게 관찰한 대상 오랑우탄들의 얼굴을 구별하고, 이름도 번호가 아닌 친근한 사람의 이름을 붙여 관찰했지. 이런 질적 연구 방법은 처음에는 다른 과학자들로부터 비난을 받기도 했는데, 어떤 연구 방법이 옳다고 무조건 고수하기보다는 연구 목적에 따라서 적절한 연구 방법을 선택하는 것이 과학자로서 바람직한 태도일 거야.

오랑우탄은 어떤 동물?

오랑우탄은 느리고 독립적인 동물이야. 침팬지처럼 큰 무리를 이루어 몰려다니지도 않고, 고릴라처럼 대가족 단위로 움직이지도 않아. 그래서 한 마리를 찾아내도 다른 오랑우탄들과 같이 있는 것이 아니라서 연구하기가 더 어려워.

오랑우탄의 몸무게는 수컷은 80~140킬로그램, 암컷은 30~70킬로그램 정도 돼. 고릴라를 포함해 이렇게 암수의 크기 차이가 많이 나는 동물을 전문 용어로 '이형성 동물'이라고 해. 반면에 인간과 침팬지처럼 암수의 크기 차이가 별로 없는 동물을 '동형성 동물'이라고 하지. 이형성 동물의 수컷은 암컷을 차지하기 위해 힘으로 싸워야 했기 때문에 몸집이 크게 발달했어. 힘도 무척 세서 오랑우탄 수컷은 성인 남자보다 5~40배의 힘을 낼 수 있다고 해.

 ## 오랑우탄을 위하여

위기의 오랑우탄

오랑우탄은 멸종 위기에 처해 있는 동물이야. 갈디카스가 오랑우탄 연구를 한 인도네시아는 예전에 네덜란드의 식민지였어. 법도 네덜란드의 법을 기반으로 하고 있어서 인도네시아의 현지 사정과 맞지 않는 것이 많았지. 갈디카스가 연구하던 탄중푸팅 국립공원은 보호구역이긴 한데 식물은 빼고 동물만 보호한다는 이상한 법이 적용되는 구역이야. 이 때문에 무분별한 벌목으로 나무가 사라지면서 오랑우탄의 터전과 먹이가 줄어들었고, 자연히 개체 수도 줄어들었지.

또한 오랑우탄의 납치나 매매는 불법이었지만, 이에 대해서 제대로 감시가 이루어지지 않았어. 그래서 오랑우탄의 불법 포획이 만연했지. 야생 오랑우탄을 포획하는 과정은 정말 잔인해. 밀렵꾼들은 어미와 새끼 오랑우탄이 같이 있으면 힘이 세고 무거운 어미 오랑우탄은 죽이고 어린 새끼 오랑우탄만 납치하는 방법을 많이 써. 우선 어미를 발견하면 바로 죽이는 게 아니라 먼저 위협을 해. 그러면 어미가 새끼를 부르고 새끼는 어미가 부르는 소리에 달려가서 어미에게 안기지. 이때 새끼를 안은 어미의 움직임이 느려지는데 그 틈을 타 총을 쏴서 죽이는 거야. 그러면 남겨진 새끼 오랑우탄을 손쉽게 잡을 수 있는 거지. 생포된 새끼는 좀 더 클 때까지 우리에 갇혀 자라다가 적당한 크기가 되면 동남아시아 쪽에 애완용으로 팔려 가.

1년에 대략 100여 마리 정도가 암시장에서 팔려 나가는 것으로 보아 팔릴 때까지 생존한 새끼의 수가 100마리이면, 그 네 배 정도인 400마리는 끌려오는 과정에서 감염되어 죽었을 것으로 추정돼. 새끼들은 특히 감염에 약하거든. 포획 과정에서 죽은 어미 500마리도 포함하게 되면, 새끼 오랑우탄 100마리를 파는 데 900마리의 오랑우탄이 희생된다는 계산이 나와.

이런 이유로 지난 10년간 오랑우탄 총수의 80퍼센트가 희생되었고 현재까지도 세계 곳곳에서 1년에 3000여 마리의 오랑우탄이 죽임을 당하고 있대. 오랑우탄은 아직 전 세계에 5만 마리 정도가 살고 있지만 삼림 파괴와 불법 포획으로 25년 뒤에는 지구상에서 사라질 것이라고 전망하는 학자들도 있어. 단지 인간과 비슷하게 생겼기 때문에 네덜란드 식민지 시대 때부터 애완용 동물로 암시장에서 거래되어온 이 슬픈 동물들에게 관심을 가질 필요가 있겠지?

오랑우탄을 살리기 위한 노력

갈디카스는 삼림 파괴를 막고, 오랑우탄 불법 매매를 금지하기 위해 많은 노력을 기울이고 있어. 일반 사람들이 몰래 기르고 있는 애완용 오랑우탄을 찾아서 설득하거나 되사서 다시 자연에 적응할 수 있도록 오랑우탄 보육원을 운영하고 있지. 또 불법적인 벌목꾼들을 감시하고 삼림 파괴를 최소화할 수 있게 오랑우탄 관광산업을 육성하는 등 여러 방법으로 오랑우탄을 지키고 있어.

새끼 오랑우탄

오랑우탄 연구 시설의 이름은 '리키(Leaky) 캠프'인데 후원자인 루이스 리키의 이름을 딴 거야. 처음으로 이 시설에 데려온 오랑우탄의 이름은 '서기토'라는 새끼 오랑우탄이었어. 애완용으로 키우고 있던 것을 다시 사들여 데려온 오랑우탄이었지. 서기토는 갈디카스를 엄마로 여겨서 잘 때도 떨어지지 않았다고 해. 갈디카스는 어땠을까? 매일 오줌이나 똥 범벅인 상태로 자거나 생활해야 했어. 그나마 가지고 있던 옷도 5벌 밖에 없었다고 하니 위생상 참 힘들었겠지?

서기토에 대해서는 재미있는 일화가 하나 있어. 갈디카스가 옷을 갈아입을 때면 서기토가 까무러치게 놀랐다는 사실이야. 속옷을 벗을 때면 마치 엄마의 팔이라도 떨어진 것처럼 놀라서 펄쩍펄쩍 뛰고 다시 붙이라는 듯 직접 주워 가져다주기까지 했대.

두 번째 데려온 오랑우탄은 여섯 살짜리 암컷 오랑우탄 '애크매드'인데 아주 순하고 예쁜 숙녀 오랑우탄이었지. 서기토는 애크매드를 질투하고 스트레스를 받았다고 해. 그래서 마치 동생이 태어나면 행동이 퇴화하는 큰아이처럼 자신을 안아줄 때까지 축 늘어지는 행동을 보이곤 했대. 세 번째로 입양한 한 살짜리 암컷 오랑우탄은 '소비아르소'였어. 이 세 마리 새끼 오랑우탄은 모두 갈디카스를 엄마처럼 여겨서 옆에 붙어 다니는 것을 좋아했어.

갈디카스가 새끼 오랑우탄을 키우면서 제일 아파했던 신체 부위는 어디였을까? 바로 엄지손가락이야. 모든 새끼 오랑우탄이 어미의 젖꼭지와 닮은 갈디카스의 엄지손가락을 좋아했는데, 아기들이 공갈 젖꼭지를 빨듯이 시도 때도 없이 빨아대서 갈디카스의 엄지손가락은 매번 살이 닳아 있었어. 그녀는 세 마리 새끼 오랑우탄을 시작으로 23년간 연구를 계속하면서 100여 마리의 생포된 오랑우탄을 야생으로 되돌려 보냈지.

: 연구 동기 :

갈디카스는 고등학교 때 처음 오랑우탄에 대해 배우면서, 오랑우탄이 표시하는 손 모양이나 눈빛에서 인류의 조상과의 연결고리를 찾고 싶어 했어. 오랑우탄이 선사시대 초기에 직립보행을 하던 우리 조상과 닮아 있다고 생각했지. 그런데 당시만 해도 오랑우탄에 대한 연구가 거의 이루어

나뭇가지를 붙잡고 천천히 이동하는 오랑우탄

지지 않고 있었어. 오랑우탄은 다른 유인원들과는 다르게 단독 생활을 주로 하고 활동 범위가 너무 넓어서 연구하기가 까다로웠거든. 다른 학자들도 리키와 갈디카스가 오랑우탄을 연구하는 것이 불가능하다고 생각했어.

하지만 이런 분위기에서도 인간의 기원에 대한 갈디카스의 의문은 커져만 갔어. 인류의 조상은 누구일까? 인간은 성경에서 기록된 대로 특별히 창조된 것일까? 동식물 중에 인간의 위치는 어디쯤일까? 유인원들과 인간은 어떤 관련이 있을까? 등등 수많은 물음을 가슴에 품고 갈디카스는 오랑우탄 연구에 대한 의지를 키워 나갔지.

그러다가 결정적인 계기가 생겼어. 캘리포니아대학교 로스엔젤레스(UCLA)에서 공부하던 중 심리학 강의에서 침팬지를 연구하는 제인 구달이라는 학자에 대한 이야기를 듣게 된 거야. 이때 갈디카스는 자신의 진로를 결정했지. '나는 침팬지가 아닌 오랑우탄을 저렇게 연구하겠다'고 말이야.

갈디카스는 후원자를 찾기 위해 백방으로 알아보던 중 제인 구달의 후원자이기도 한 리키라는 인류학자에 대해 알게 되었어. 그리고 운명처럼 1969년 3월, 갈디카스가 듣는 인류학 수업에 리키가 특강을 하러 왔고, 갈디카스는 자기가 가진 오랑우탄에 대한 열정을 설명할 수 있었지. 마침 오랑우탄 연구자를 찾고 있었던 리키는 결국 그녀를 후원하기로 했고, 2년 동안 갈디카스를 위한 후원금을 모았어. 그동안 갈디카스는 인도네시아 정부에 과학 연구 신청을 하고, LA에 있는 동물원의 오랑우탄을 관찰하며 지냈지.

1971년 9월, 25세의 갈디카스는 드디어 그 누구도 엄두 내지 못했던 오랑우탄 연구를 위해 떠나게 돼. 연구에 앞서 먼저 아프리카로 가서 선배인 제인 구달에게 유인원 연구 방법에 대한 조언을 얻었지. 갈디카스는 1971년 11월 6일, 인류 조상의 실마리가 담겨 있는 오랑우탄의 땅, 탄중푸팅 국립공원에 도착하게 돼. 그리고 공원 안의 벌목꾼들이 버리고 간 오두막집에 리키 캠프를 차리고 오랑우탄의 흔적을 찾기 시작했지.

눈으로는 위쪽 밀림의 차양부를 훑고, 귀로는 나무 꼭대기에서 움직이는 오랑우탄이 내는 나뭇가지 부러지는 소리를 쫓으며 나는 인간이 신을 어떻게 발견했을지 생각한다. 열대 숲을 걷는 것은 신의 마음속을 거니는 것과 같다.

갈디카스의 『에덴의 벌거숭이들』 중

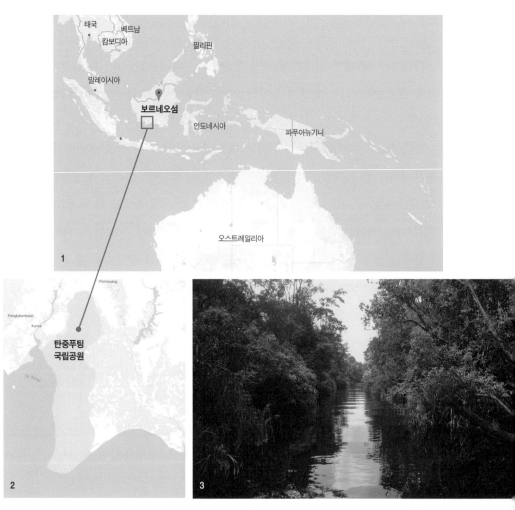

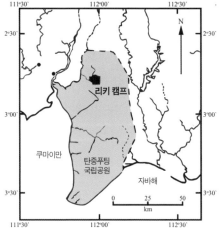

1 보르네오섬의 위치

2 3 탄중푸팅 국립공원의 위치와 경관

4 갈디카스의 연구 근거지였던
  리키 캠프의 위치

하지만 갈디카스의 연구는 상상했던 것 이상으로 힘든 과업이었어. 먼저 작은 오두막에서 남편 로드, 그리고 4명의 외국 남자와 함께 생활해야 했을 뿐만 아니라 장마, 늪, 거머리, 악어, 뱀 등 다양한 위험 요소에 노출되어 있었어. 또 모두가 염려했던 것처럼 대부분의 시간을 높은 나무 위에서 지내는 오랑우탄을 찾기가 너무 어려웠지. 매일 16킬로미터씩 밀림을 헤치며 걸어서 오랑우탄을 찾아야 했고, 찾더라도 오랑우탄이 던지는 나무 막대기를 피하면서 접근해야 했어. 다 자란 야생 오랑우탄의 성격은 생각보다 사나운 편이고, 턱에 있는 이빨은 사람의 피부를 손쉽게 찢어버릴 정도로 강력하니 연구를 하면서도 많이 두려웠을 것 같아. 이 모든 어려움을 뚫고 오랑우탄을 연구한 갈디카스가 정말 대단하다고 생각되지 않니?

: 연구 성과 :

 오랑우탄 연구에 성공하다

갈디카스는 오랑우탄을 연구하기 위해 거리낌없이 인도네시아에 왔지만, 오랑우탄에게 다가가는 것조차 여간 힘든 일이 아니었어. 강가에서 멀리 붉은 동물이 보여 카누를 타고 쫓아가면 나무 꼭대기에 숨어 2-3분 있다가 흔적도 없이 사라져버리곤 했지. 그래도 갈디카스는 먼 발치에서 처음 발견한 오랑우탄에게 앨리스라는 이름을 붙여주었어. 제인 구달 선배가 알려준 방법대로 만난 순서에 따라 A부터 알파벳순으로 붙인 것이지. 한 가족에게는 같은 스펠링으로 시작되도록 이름을 붙여 나갔어. 예를 들어 처음 발견한 앨리스(Alice)는 A로 시작하는 이름을 붙이고 그 아들은 앤디(Andy)로 붙였어. 하지만 이름을 붙이자마자 이들을 놓쳐서 제대로 된 관찰은 할 수 없었지.

갈디카스는 도착한 지 두 달이 넘도록 연구는 시작도 못 하고 오랑우탄만 찾아 헤매고 있었어. 오두막으로 돌아와 속옷을 벗을 때는 거머리들이 떨어졌고, 상처가 아물지 않아 평생 흉터로 남았지. 또 살이 타 들어갈 듯한 더위로 땀을 뻘뻘 흘리다가도, 갑자기 비가 올 때는 기온이 급감해 한기를 버티며 오랑우탄을 쫓아다녀야 했어. 나무를 잘라가면서 나아가야 할 때도 많았는데, 칼로 나무를 베다가 실수로 자신의 무릎을 뼈가 드러나 보일 정도로 쳐낸 경우도 있었어. 겨우겨우 치료를 받는 동안 몸은 지칠 대로 지쳤고, 오랑우탄의 그림자조차 잡지 못한 채 시간만 보내고 있었지.

오랑우탄은 햇빛에 비치면 붉게 보이는 갈색 털과 검은색 피부가 특징이야. 갈디카스는 처음에는 붉은 빛의 털을 찾으려고 했지만, 열대 숲에서는 붉은 빛의 털이 거의 눈에 띄지 않아서 오히려 검은색 피부에 초점을 맞춰 찾아다녔어. 눈으로 찾기가 힘들 때는 한자리에 멈춰 서서 귀로 오랑우탄을 찾았어. 오랑우탄이 움직일 때 나는, 나뭇가지가 부딪치고 꺾이는 소리, 나뭇잎이 흔들리는 소리, 먹을 수 없는 과일을 떨어뜨리는 소리가 실마리가 됐지.

1971년의 크리스마스 날, 갈디카스에게 잊을 수 없는 선물이 도착했어. 두 달 만에 드디어 오랑우탄을 제대로 관찰하게 된 거야. 어미인 베스와 새끼인 버트를 발견했고, 오랜 시간 동안 그들을 연구할 수 있었지. 둘은 처음에는 나뭇가지를 던지고 입술을 부딪쳐 소리내며 경계했지만 다른 오랑우탄들과 달리 도망치지는 않았어.

몸무게 30~35킬로그램 정도의 베스는 한쪽 눈 아래 깊은 주름이 있는 것이 특징이었어. 베스는 자신에게 찰싹 달라붙어 있는 새끼 버트와 함께 나뭇가지를 옮겨 다니면서 과일과 나무껍질을 먹었지. 갈디카스는 낮에는 낮 둥지를 만들어서 생활하고, 밤에는 밤 둥지를 만들어서 잠이 드는 순간까지 1분 1초도 쉬지 않고 집중해서 관찰했어. 온종일 나무 위를 쳐다봐야 해서 목이 너무 아팠겠지만, 갈디카스가 얼마나 흥분한 얼굴을 했을지는 상상이 가지?

갈디카스는 무려 5일 동안 이 둘을 쫓아다닌 끝에 베스와 익숙해졌고 15시간 동안의 행동관찰일지도 얻게 되었어. 나중에 알게 된 사실이지만 리키 캠프는 베스의 영역 안에 자리 잡고 있었기 때문에 쉽게 관찰이 가능했던 것이었어. 이렇게 갈디카스의 오랑우탄 연구는 크리스마스 날 운명처럼 시작되었어. 모두가 불가능할 것이라고 했던 오랑우탄 연구를 성공시킨 것이야말로 갈디카스가 이룬 큰 업적이라고 할 수 있을 거야.

 ## 생애주기별 연구 결과

이제 오랑우탄을 발견했으니 연구가 편해졌을까? 아니야. 그 뒤로도 갈디카스는 최전방에서 근무하는 병사처럼 물 한 바가지로 몸을 씻고 소나무 진에 엉덩이가 타거나 해충으로 인한 발열 증상에 항생제를 써서 견디면서 연구를 지속했어. 그 결과, 4년 동안 6800시간이라는 오랜 기간에 걸쳐 오랑우탄을 관찰할 수 있었고, 유아기-사춘기-청년기-성인기 시기의 생애주기별 자료를 축적해 오랑우탄에 대해 여러 가지 사실을 알아낼 수 있었어.

첫째, 완전히 단독생활을 하는 줄 알았던 오랑우탄이 단독생활과 무리생활의 중간 정도의 사회관계를 유지하고 있다는 거야. 오랑우탄은 대체로 단독생활을 즐기는 편이기는 해. 수컷들은 주로 혼자 떨어져 사는데 마음에 드는 암컷을 만나면 함께 먹이를 찾기 위해서 먼 거리를 이동하지. 암컷은 보통 먹이를 찾는 구역이 10~20제곱킬로미터 정도로 정해져 있어. 새끼들은 어미와 함께 어린 시절을 보내지.

다른 오랑우탄 연구가들은 성숙한 암컷 오랑우탄들이 무리지어 생활하지 않는다고 주장했지만, 이는 사실과 달랐어. 첫 번째 관찰 대상이었던 베스는 새끼와 함께 독립된 생활을 하기도 했지만, 때때로 다른 암컷 오랑우탄인 '카라', '이본', '마서' 등과 같이 생활하며 지속적으로 관계를 맺곤 했지. 특히 어미에게서 독립한 청년기에 있는 오랑우탄은 무리를 지어 돌아다니기도 했어. 청년기의 '조르지나'라는 오랑우탄은 '펀', '마우드', '이본'이라는 다른 암컷 오랑우탄과 지내거나, 젊은 수컷 오랑우탄과 함께 놀고 장난치면서 같이 생활하곤 했어.

갈디카스는 이들을 '반고독 사회(semi-solitary society)'에서 사는 '사회적이면서 고독한 존재'라고 불렀어. 그렇다면 오랑우탄은 왜 이런 사회성을 가지게 되었을까? 갈디카스는 '먹이' 때문이라고 추측했어. 오랑우탄은 덩치가 큰 동물이기 때문에 먹이가 많이 필요한데 열대 숲은 항상 먹이가 부족해. 여러 마리가 몰려다니면서 먹을 것을 찾거나 모여 있을 여유가 없는 거지. 오히려 따로 먹이를 찾아 먹는 것이, 서로 경쟁하거나 더 먼 거리를 찾아야 하는 수고를 덜 수 있어 효율적이었던 거야. 그래서 평소에는 '고독하게' 지내다가 꼭 필요할 때만 모여 살게 된 것이지. 열대 숲이라는 환경에 최적화된 사회성을 자기 나름대로 찾은 셈이야.

이처럼 오랑우탄은 억지로 무리 지어 살 필요가 없기 때문에 다른 오랑우탄과 꼭 관계를 맺을 필요가 없어. 인간의 입장에서 오랑우탄은 서로에게 아무것도 줄 필요가 없고 받을 필요도 없는 순수한 존재로 볼 수 있는 거지. 갈디카스가 자신의 책 제목을 『에덴의 벌거숭이들Reflections of Eden』이라고 지은 것도 인간이 무리생활을 하면서 잃어버린 태초의 순수함을 간직한 존재가 오랑우탄이라고 생각했기 때문이었어.

새끼 오랑우탄을 안은 갈디카스

둘째, 평균 출산 주기가 8년 정도 되고 그 기간이 오랑우탄의 성격 형성에 큰 영향을 끼친다는 거야. 암컷 오랑우탄은 8~9년에 한 번씩 새끼를 갖고, 8년 동안 새끼가 다 자라서 독립할 때까지 기다렸다가 다시 새끼를 가져. 갈디카스는 어미인 카라와 아들인 칼과의 관계를 통해 이를 알 수 있었어. 임신을 하게 된 카라는 여덟 살이 지난 칼을 몇 달에 걸쳐 서서히 독립시키면서 새로 태어날 아기를 기다렸어.

포유류는 다른 종에 비해 어미가 새끼를 보살피는 기간이 두드러지게

어미와 새끼 오랑우탄

길어. 한 마리 한 마리에 오랜 시간 정성을 쏟아 생존율을 높이는 것은 영
장류의 특징이 아닐까 싶어. 오랑우탄은 9개월(약 260일) 만에 새끼를 낳
는데, 인간의 임신기간(약 280일)보다는 짧지만 침팬지(약 237일)나 고릴라
(약 257일)보다는 더 길지. 또 오랑우탄은 태어난 뒤에도 독립할 때까지 걸
리는 시간이 훨씬 길어. 침팬지는 1년 정도 있으면 배에 매달리지 못하게
내치고, 고릴라는 4년 있으면 젖을 떼고 독립을 시킨대. 하지만 오랑우탄
은 8~9년이라는 오랜 기간 동안 젖을 빨고 매달리게 한다니 참 신기하지?
학자들마다 다르겠지만 열대 숲에서 과일을 채집할 수 있는 시기가 수시
로 변해서 먹이를 얻기가 힘들기 때문이라는 의견이 있어.

　갈디카스는 이처럼 어미가 보호해주는 기간이 길면 길수록 더 침착하
고 온순한 성격을 갖게 된다고 생각했어. 오랫동안 모성애를 느낀 오랑우
탄일수록 더 차분하고 안정적이었거든. 몇 년 동안 우리에만 갇혀 있으면
서 어미의 사랑을 받지 못했던 켐페카의 경우, 지나치게 공격적이고 말썽
을 부렸지. 심지어 리키 캠프에서 태어난 아기를 몰래 내동댕이치기도 했

으니 말이야. 8년의 기간 동안 어미로부터 배움과 사랑을 받아야 했지만, 그 기회가 주어지지 않았던 켐페카는 어쩌면 사람처럼 마음의 상처를 안고 좌충우돌했던 것인지도 몰라.

셋째, 오랑우탄은 일상생활의 대부분을 먹이를 먹는 데 보내고 나머지 시간에는 둥지를 만든다는 거야. 열대림에 사는 대부분의 포유류는 내리쬐는 햇볕을 피해 다녀야 해서 낮에는 자고 밤이나 새벽에 활동하지만, 오랑우탄은 낮에도 돌아다니면서 여러 가지 먹이를 찾아 먹어. 특히 바니탄이라는 열매를 좋아하는데 껍질이 엄청 딱딱하고 두꺼운 이 과일을 먹으려면 오랜 시간 동안 이로 갉아야 해. 하루 24시간 중 8시간을 먹이를 다듬고 씹고 삼키는 데 보내지. 몸집이 큰데도 불구하고 채식을 하기 때문에 판다처럼 대부분의 시간을 먹이를 먹는 데 보내는 거야. 오랑우탄은 이렇게 배를 채운 뒤 둥지를 만들어서 쉬어. 튼튼한 두 가지가 만나는 버팀목을 고르고 그 나무에 붙어 있는 잔가지를 수직으로 구부려 꺾어서 둥글게 겹쳐 둥지를 완성하지. 3, 4분이면 둥지를 만든다니 대단하지?

넷째, 오랑우탄도 도구를 사용할 줄 안다는 거야. 갈디카스의 선배인 제인 구달은 침팬지가 도구를 사용할 줄 안다는 사실을 학계에 알려 많은 사람을 놀라게 했어. 그런데 오랑우탄도 침팬지처럼 도구를 사용할 줄 알았어. 나뭇가지로 나무뿌리 주변의 흰개미 둥지를 쑤셔서 곤충들을 잡아먹기도 하고, 열매를 나뭇가지에 대고 눌러서 껍질을 벗겨내기도 했지. 성숙한 오랑우탄 수컷은 앞뒤로 나뭇가지를 흔들어 마지막에 힘을 가해서 정확히 목표물을 맞히기도 했어. 갈디카스가 '턱주머니'라는 수컷 오랑우탄을 쫓아간 적이 있는데 심기가 불편한 턱주머니가 커다란 나뭇가지를 흔들어 정확히 갈디카스 발 앞쪽으로 떨어뜨렸지. 만약 제대로 그 나

오랑우탄 수피나의 인간 모방 행동

뭇가지에 맞았다면 갈디카스는 즉사했을지도 몰라. 한편으로 오랑우탄
은 비가 오면 큰 나뭇잎 두 개로 우산을 만들어 쓸 줄도 안다고 하니 그저
놀라울 따름이야.

그 외에도 오랑우탄이 도구를 분해하거나 나무토막을 도구로 사용하
는 것을 볼 수 있었어. 특히 말썽꾸러기 오랑우탄 서기토는 전기 발전기
내부를 해부해서 모두를 곤란하게 만들었어. 꼬마 소녀 오랑우탄 소비아
르소는 나무토막을 던지거나 바닥을 문지르기도 하면서 사람과 비슷하
게 노는 걸 좋아했지. 또 오랑우탄 공주님 '프린세스'를 관찰한 결과, 3~4
세 정도 사람의 지능을 지닐 수 있는 것을 확인했어. 프린세스는 무작위
순으로 배열된 나무 막대기들을 길이 순서대로 다시 배열할 정도로 지능
이 발달했어. 사람이 하는 행동을 관찰해서 문을 열쇠로 열거나 잠그고,

털고르기를 할 때 사람의 솔을 사용하기도 했지. 사진은 실제로 오랑우탄 프린세스의 친구 수피나가 연료를 붓고 불을 붙이려고 한 장면을 찍은 거야. 도구를 우리 인간만 쓸 줄 안다고만 생각하면 오산인 거지?

다섯째, 오랑우탄도 자신의 의사 표현을 할 수 있고 간단한 수준의 수화를 배울 수 있다는 거야. 갈디카스는 오랑우탄이 다른 오랑우탄과 만나면 미묘한 표정과 동작을 교환하면서 의사소통하고 있다는 것을 알았어. 특히 수컷 오랑우탄은 수탉처럼 매일 아침 자기 구역의 암컷을 부르고 다른 수컷 경쟁자들에게 경계심을 갖게 만드는 소리를 내지. 이들은 서로의 소리만으로 힘의 우위를 확인해. 상대의 목소리를 멀리서 듣기만 해도 그 수컷의 나이, 힘, 건강 상태를 추측하는 거지. 갈디카스는 수컷들을 추적 관찰할 때 이런 소리들을 좇으며 관찰했어. 수컷 오랑우탄 해리의 경우에는 닉의 소리를 듣고 오줌을 쌌다고 해.

또한 오랑우탄은 사랑의 감정을 표현할 수 있어. 갈디카스가 '양녀'로 삼은 오랑우탄 애크매드는 갈디카스에게 자주 기대곤 했는데, 이 행동은 오랑우탄 말로 '엄마 사랑해요. 엄마 보고 싶었어요'라는 의미래. 오랑우탄은 키스를 통해서 사랑의 감정을 표현하기도 해. 사랑하는 암수 오랑우탄끼리 키스하기도 하지만 어미와 새끼들도 많이 하지. 새끼 오랑우탄은 먹이의 껍질을 벗기기 힘들어서 어미 오랑우탄이 먹이를 씹고 있을 때 어미의 입에 있는 먹이를 먹기 위해 키스해. 먹이는 생명체의 생존과 직결되는 중요한 것이라는 측면에서 볼 때 어미는 새끼와 키스하면서 새끼에게 자신의 생명을 나눠주는 것으로 생각할 수도 있어. 어쩌면 키스를 하는 행위 자체에 자신의 생명을 상대에게 주는 사랑의 의미가 유전적으로 담겨 있는 것은 아닐까 싶어.

암컷 오랑우탄(왼쪽), 미성숙한 수컷 오랑우탄(가운데), 성숙한 수컷 오랑우탄(오른쪽)

그런데 유인원들은 말로 의사소통을 할 수 있을까? 아쉽게도 오랑우탄을 포함한 유인원들은 성대가 발달하지 않아서 말을 할 수 없어. 그래도 갈디카스는 간단한 수화를 통해 의사전달 방법을 익힐 수 있다는 연구 결과를 토대로 수화 교육을 진행했지. 게리 샤피로라는 미국 대학원생이 리키 캠프에 와서 실제로 오랑우탄에게 수화를 가르쳤는데, 그중 가장 유능한 '학생'은 오랑우탄 공주님 프린세스였어.

프린세스는 30개의 수화를 배우고, 간단한 수화를 할 수 있었지만 먹을 것 이외에는 수화로 표현하는 것에 별 관심이 없었어. 오히려 옆에서 수화 강의를 주워들은 갈디카스의 아들 빈티가 훨씬 더 능숙하게 수화를 했지. 빈티는 두 살도 채 안 되었지만 여섯 살짜리 오랑우탄인 프린세스에게 아무리 가르쳐도 익히지 못했던 수화를 썼어. 이를 보고 갈디카스는 인간이 다른 유인원보다 언어 쪽으로 더 진화 발달한 특성이 있다고 결론 내렸어. 유인원에서 갈라져 나와 인류라는 종으로 진화하는 과정에서 언어가 중요한 역할을 했다고 본 것이지.

유인원들이 왜 언어를 통해 의사소통하는 방향으로 진화하지 않았는지에 대해 갈디카스는 '필요가 없기 때문'이라고 생각했어. 프린세스는 수화를 배웠지만 결국 먹는 것과 관련된 표현 이외에는 복잡한 단어나 문장이 필요 없었어. 그냥 자세, 동작, 소리로 모든 것을 쉽게 표현할 수 있었거든. 마치 우리가 영어를 못하지만 세계 여행을 가서 손짓 발짓으로 음식을 사 먹는 것과 비슷할 거야.

: 생물학계에 미친 영향 :

갈디카스가 처음 오랑우탄을 연구할 때는 오랑우탄에 대한 객관적인 정보가 전혀 없었어. 단지 동물원에서 관찰한 결과를 가지고 추측할 뿐이었지. 하지만 이렇게 동물원에서 얻은 정보는 실제 야생 오랑우탄을 관찰한 결과와 다른 정보가 많았어. 동물원 오랑우탄은 2~3년마다 한 번씩 새끼를 낳는데 야생 오랑우탄은 8~9년마다 새끼를 낳았고, 또 오랑우탄이 처음 동물원에 들어왔을 때 사육사가 대충 열 살이라고 가늠해버리는 바람에 수명이 평균 30년 정도일 거라는 근거 없는 추측만 난무했었지. 그래서 갈디카스는 실제로 야생에 가서 오랑우탄을 연구한 거야.

갈디카스가 연구를 시작한 지 6개월이 지날 무렵, 존 매키넌(John Mckinnon)이라는 학자가 보르네오섬 북쪽에서 오랑우탄을 1년 동안 연구했던 결과를 내놓았어. 그런데 이 연구 결과가 너무 충격적이었어. 오랑우탄은 이동이 심한 종이고 개체를 추적하며 연구하는 것은 불가능하다는 것이었지. 갈디카스는 그 이야기에 마음이 흔들렸어. 실제로 4개월 정도 관찰 연구가 진행되었지만 2주 넘게 오랑우탄들을 볼 수 없었으니 말이야.

물론 매키넌의 이론대로 수컷 오랑우탄들은 성숙한 뒤에는 먼 곳으로 이동하므로 연구가 어려운 건 사실이었어. 하지만 오랑우탄 연구가 전혀 불가능한 것은 아니었어. 암컷 오랑우탄들은 일정 구역에서 평생 사는 경향이 있어서 계속 연구할 수 있었거든. 특히 암컷 오랑우탄인 조르지나를 통해서 한 마리 오랑우탄에 대해 지속적인 연구가 가능하다는 희망을 품었지. 그리고 '턱주머니'와 같은 일부 수컷 오랑우탄들도 일정 구역에 머무는 경우가 간혹 있어서 연구에 대한 확신을 가졌어. 실제로 턱주머니를 24일 동안이나 연속으로 추적하며 관찰하는 것이 가능했으니까 말이야. 중간중간 놓치기는 했지만, 턱주머니가 1년 동안이나 한 지역에 머물러 줘서 그를 계속해서 따라다닐 수 있었던 거야. 갈디카스는 생물학계에서 불가능하다고 생각하고 결론 냈었던 오랑우탄 지속 연구를 가능하게 만든 장본인이지.

: 우리 삶에 미친 영향 :

오랑우탄은 침팬지, 고릴라 다음으로 인간과 가까운 종이야. 1984년 예일대학교의 찰스 시블리(Charles G. Sibley)와 존 알퀴스트(Jon Ahlquist)는

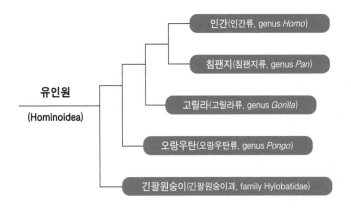

유인원의 계통수. 긴팔원숭이-오랑우탄-고릴라-침팬지-인간 순으로 분화했다.

DNA를 분석해서 유전학적으로 인류가 진화해온 과정을 밝혀냈어. 인간과 유인원의 유전학적 관련성을 밝혀낸 거야. 1500만 년 전에 먼저 오랑우탄이 분화되어 나오고 1000만 년 전에는 고릴라가, 500만 년 전에는 인간과 침팬지가 유인원 가지에서 분화되어 나왔지. 이 유연관계는 먹이로도 알 수 있어. 인간을 포함한 유인원은 원래 과일을 주식으로 먹었는데 고릴라부터는 잎도 같이 먹고 침팬지부터는 고기까지도 먹을 수 있도록 진화해왔어. 침팬지와 인간은 5' UTR(Untranslated region) Gene이라는 유전자에서 큰 차이가 있을 뿐 99.4퍼센트가 유전적으로 일치해. 인간을 '제3 세대 침팬지'라고 주장하는 학자들이 있을 정도이지. 이렇게 인간과 비슷한 유인원을 관찰하고 연구하는 것은 인간을 알아가는 데도 도움이 많이 될 거야.

오랑우탄을 알면 완전한 인간이 되기 이전의 우리에 대해 부분적인 이해를 얻을 수 있다.

갈디카스의 『에덴의 벌거숭이들』 중

새끼 원숭이

이 말은 유인원에 대한 연구가 우리 인간의 본성과 인류 조상들의 역사를 알기 위해서 필요하다는 뜻이야. 혹시 해리 할로(Harry Harlow)의 '원숭이 애착 실험'에 대해서 아니? 두 개의 서로 다른 어미 원숭이 인형을 만들어 새끼 원숭이에게 주는데 한쪽 어미 인형은 철로 만들었지만 젖이 나오고, 다른 한쪽 인형은 털로 만들었지만 젖이 나오지 않게 해서 새끼 원숭이가 어떤 행동을 하는지 관찰했던 실험이야. 결과는 먹이를 먹을 때만 철인형에게 가고 대부분의 시간을 털 인형에 안겨 지냈어.

하지만 털 인형도 잃어버린 어미의 사랑을 채워주진 못했어. 이렇게 키워진 원숭이들은 자라서 공격적인 반응을 보이거나 성적(性的)으로도 비정상적인 반응을 보인 거야. 또 실험에 참가한 어린 암컷들은 자라서 새끼를 거의 낳지 않았고, 새끼를 낳았던 몇 안 되는 암컷들조차 자신의 새끼를 학대하거나 무시하는 경향을 나타냈어. 그전에는 어미를 따라다니는 이유가 먹을 것을 제공하는 존재이기 때문이라는 이론이 지배적이었는데, 이 실험을 통해 새끼에게 더 필요한 것은 먹이보다 '따뜻한 스킨십'이라는 것을 알게 되었지. 이 결과는 원숭이와 마찬가지로 영장류에 속하는 인간을 더 잘 이해할 수 있게 해.

오랑우탄의 새끼가 정상적으로 자라기 위해서는 입으로 빨거나 털을 핥아주는 행동이 꼭 필요해. 이런 행동을 통해 새끼들은 다중감각(시각, 청각, 촉각 등 여러 가지 감각을 동시에 받는 것) 능력을 키우는데, 갈디카스는 이 사실을 알고 있었기 때문에 오랑우탄을 키우면서 엄지손가락을 빨도록 내어주고, 털을 빗어주고 쓰다듬어 주었지. 이 같은 사실은 인간에게도 적용이 돼. 신생아 병동의 인큐베이터 안에서 지내는 미숙아들에게 하루에 3~4번 마사지를 해줄 경우, 접촉이 없는 미숙아들보다 더 빨리 자라고 근육도 발달해서 건강하게 성장한대.

오랑우탄이 새끼를 키우는 방식에서도 배울 점이 있어. 어미 오랑우탄은 젖을 떼기 전의 새끼에게는 매우 허용적이야. 젖을 떼기 전까지는 절대로 혼내거나 때리거나 하지 않지. 말썽을 부리더라도 잠시 떼어놓고 자리를 옮기는 방식으로 인내심을 갖고 대처해. 하지만 젖을 떼야 할 경우 아주 갑작스럽고 냉정하게 떼는데, 때리거나 혼을 내기도 하지. 우리 인간도 아기 때는 온전히 사랑을 주고 허용적으로 키우다가 독립성을 키워야 할 때는 확실하게 홀로 설 수 있도록 해주어야 캥거루족같이 부모에게 너무 의존하는 사람들이 생겨나지 않을 거야.

현재도 갈디카스가 연구를 진행하고 있는 탄중푸팅 국립공원에서는 많은 나무들이 벌목을 당하고 있어. 그래서 오랑우탄의 먹이와 주거 공간이 줄면서 그 개체 수도 함께 급격히 줄고 있는 상황이야. 갈디카스는 오랑우탄을 지키기 위해 많은 연구 결과를 발표하고, 자신의 트위터에 사진을 올리는 등 오랑우탄에 대한 홍보 활동도 열심히 하고 있어.

그 외에도 여러 출판 활동과 강연을 통해 오랑우탄에 대해 홍보한 결과 많은 결실을 맺게 되었어. 1986년에는 전 세계 오랑우탄을 보호하는 기구인 '국제 오랑우탄 재단(OFI: Orangutan Foundation International)'이 설립되었고, 오랑우탄에 대한 관심과 후원이 더 커졌어. 대만 정부는 오랑우탄 매매를 줄이기 위해 자국 내 유인원 반려동물 반입 금지 조치를 내렸고,

갈디카스의 트위터 사이트 https://twitter.com/drbirute

국제 오랑우탄 재단 인터넷 사이트 https://orangutan.org

몇몇 국가에서는 보르네오 숲에서 나온 목재 판매를 불법화해서 오랑우탄 서식지 보존을 도와주기도 했지. 이러한 노력 덕분에 오랑우탄은 탄중푸팅이라는 서식지를 잃지 않게 되었고, 현재 인도네시아 전역에 2만여 마리가 이전보다 안전하고 평화롭게 살아가고 있어. 한 사람의 연구와 외침이 전 세계를 움직이다니 대단하다고 생각하지 않니?

갈디카스의 책 출간회

우리의 가장 가까운 친척과 이들의 서식지를 구하기 위한 행동에 착수하는 것은 바로 우리 자신을 구하기 위한 첫발을 내딛는 것이기도 하다. 제아무리 인간이 지구의 지배자라고 할지라도 하나의 종을 의도적으로 멸종시켜 버릴 권리는 인간에게 없다.

갈디카스의 『에덴의 벌거숭이들』 중

: 생각해볼 문제 :

현지인들과의 충돌

갈디카스도 연구하는 과정이 순탄치만은 않았지만, 아프리카에서 고릴라를 연구한 다이앤 포시(Dian Fossey)는 자신의 목숨까지 내놓아야만 했어. 다이앤 포시는 아프리카에서 연구하던 중 현지의 이익집단과 충돌하면서 살해당했지. 갈디카스도 오랑우탄을 밀렵으로부터 보호하고 서식지를 보존하는 과정에서 많은 다툼이 있었어.

하지만 현지인들 탓만 할 수는 없을 거야. 그들도 자신의 생존이 걸려 있는 문제이니만큼 신중하게 접근할 필요가 있는 것이지. 학자로서 이러한 갈등을 해결하면서 유인원을 보존하고 연구하는 것에 대한 고민은 필요하다고 생각해. 갈디카스는 현지인들과 많은 대화를 하고 오랑우탄을 통해 관광을 활성화시키면서 이윤이 창출되도록 힘써 그들과의 마찰을 조정했어. 만약 끝없이 날만 세웠다면 다이앤 포시와 같은 비극적인 결말을 맞았을지도 몰라.

동물실험 윤리

앞서 이야기했던 해리 할로의 '원숭이 애착 실험'을 통해 우리는 '영장류가 정서적으로 안정되게 성장하기 위해서는 따뜻한 스킨십이 필요하다'는 사실을 알았어. 하지만 이 과정에서 원숭이 수백 마리의 생명이 연구의 도구로 희생되었지. 새끼 원숭이들을 어미에게서 떼어놓기도 하고, 강제로 새끼를 낳게 하는 잔인한 실험 과정이 동반되었던 거야. 이에 대해 갈디카스는 "어미의 사랑의 중요성을 입증하기 위해 새끼들을 학대하는 모순이다"라고 비판했어.

물론 현재도 사람을 대상으로 하는 임상 시험 전의 약물 최종 검사 과정에서 쥐나 원숭이에 적용하는 실험이 행해지고 있고, 이마저도 동물실험 남용에 대한 우려의 목소리가 나오고 있어. 연구자들의 양심과 생명에 대한 존중이 바탕이 된 최소한의 실험만을 인정하는 제도가 필요하다고 생각해.

종의 생로병사

스웨덴의 동물학자 린네는 유사성에 따라서 생물학적 분류체계를 만들었어. 그리고 인간을 '지혜로운 사람'이라는 뜻을 가진 '호모 사피엔스'라고 이름 짓고 원숭이, 유인원과 함께 '영장류'로 분류했어. 그런데 인간을 '만물의 영장'이라고도 하잖아? '영장'이라는 것은 무슨 뜻일까? 사전에 의하면 '영묘한 힘을 가진 우두머리'라는 뜻이야. 인간을 모든 종의 우두머리로 보는 관점이 있는 거지.

역사는 결과적으로 이긴 사람들에 의해 쓰인 역사라는 말이 있어. 인간이라는 종이 우연에 우연을 거듭해서 이 지구의 지배자가 된 것이 신의 뜻일지도 모르지만, 몇 가지 환경적 요인들에 의해 우연히 유인원에서 분류되어 진화되지 않았다면 현재 오랑우탄과 비슷한 수준의 생활을 했을지도 몰라. 그런데 인간이 스스로를 만물의 영장이라고 추대하며 다른 종들을 멸종시키고 지구를 황폐화하는 것은 만용을 넘어선 폭력이라고 해야겠지. 한 개체에 생로병사가 있듯이 한 종에도 생로병사가 있다는 사실을 명심해야만 할 거야. 언젠가는 인간이라는 종도 결국 멸종해서 없어지는 존재가 될지도 모를 일이니까.

> 어떤 한 군은 한번 멸종해버리면 절대로 다시 나타나지 않는다. 왜냐하면 세대의 연쇄가 끊어져버리기 때문이다.
>
> 다윈의 『종의 기원』 중

종의 전쟁

린네는 "오랑우탄은 이 지구가 자신들을 위해 만들어졌으며, 언젠가는 다시 주인이 될 것으로 생각한다" 라는 말을 했어. 지금 인류가 지배하고 있는 상황에서 들어보면 우습기도 하지만, 한편으로는 무서운 말이기도 한 것 같아. 유인원들에 대한 두려움을 담은 「혹성 탈출」이라는 영화를 본 적 있니? 침팬지인 주인공 시저가 지능 강화 약물을 통해 인간의 지능만큼 높은 IQ를 갖게 되고 인간 세계에서 도망쳐 침팬지 집단의 왕이 되지. 나중에는 말을 타고 총을 쓰면서 인간과 전쟁을 벌이게 된다는 섬뜩한 이야기야. 실제로 갈디카스가 관찰한 결과, 오랑우탄도 교육하면 장난감 총을 정확하게 발포할 수 있었어. 영화처럼 유인원이 총을 쏘면서 인간을 위협할지도 모른다고 생각하면 좀 무섭지? 인간이 지구의 여러 다른 종들과 어울려 살지 못하고, 자신이 가지고 있는 힘을 남용한다면 언젠가 다른 종들에게 똑같은 보복을 당할 수도 있지 않을까?

마지막으로 갈디카스의 말을 인용하며 이 장을 마치려고 해.

유인원들은 우리 종의 친척이며, 지구라는 행성의 동료 시민이다. 우리가 지배자의 자리로 올라서려면 이들을 존중하고 보호해주어야 한다.

갈디카스의 『에덴의 벌거숭이들』 중

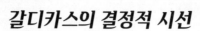

갈디카스의 결정적 시선

★ 성실성

이제 오랑우탄을 발견했으니 연구가 편해졌을까? 아니야. 그 뒤로도 갈디카스는 최전방에서 근무하는 병사처럼 물 한 바가지로 몸을 씻고 소나무 진에 엉덩이가 타거나 해충으로 인한 발열 증상에 항생제를 써서 견디면서 연구를 지속했어. 그 결과, 4년 동안 6800시간이라는 오랜 기간에 걸쳐 오랑우탄을 관찰할 수 있었고, 유아기-사춘기-청년기-성인기 시기의 생애주기별 자료를 축적해 오랑우탄에 대해 여러 가지 사실을 알아낼 수 있었어.

★ 행동력과 의지

그러다가 결정적인 계기가 생겼어. 캘리포니아대학교 로스엔젤레스 (UCLA)에서 공부하던 중 심리학 강의에서 침팬지를 연구하는 제인 구달이라는 학자에 대한 이야기를 듣게 된 거야. 이때 갈디카스는 자신의 진로를 결정했지. '나는 침팬지가 아닌 오랑우탄을 저렇게 연구하겠다'고 말이야.

갈디카스는 후원자를 찾기 위해 백방으로 알아보던 중 제인 구달의 후원자이기도 한 리키라는 인류학자에 대해 알게 되었어. 그리고 운명처럼 1969년 3월, 갈디카스가 듣는 인류학 수업에 리키가 특강을 하러 왔고, 갈디카스는 자기가 가진 오랑우탄에 대한 열정을 설명할 수 있었지. 마침 오랑우탄 연구자를 찾고 있었던 리키는 결국 그녀를 후원하기로 했고, 2년 동안 갈디카스를 위한 후원금을 모았어. 그동안 갈디카스는 인도네시아 정부에 과학 연구 신청을 하고, LA에 있는 동물원의 오랑우탄을 관찰하며 지냈지.

★ 인내심

갈디카스의 연구는 상상했던 것 이상으로 힘든 과업이었어. 먼저 작은 오두막에서 남편 로드, 그리고 4명의 외국 남자와 함께 생활해야 했을 뿐만 아니라 장마, 늪, 거머리, 악어, 뱀 등 다양한 위험 요소에 노출되어 있었어. 또 모두가 염려했던 것처럼 대부분의 시간을 높은 나무 위에서 지내는 오랑우탄을 찾기가 너무 어려웠지. 매일 16킬로미터씩 밀림을 헤치며 걸어서 오랑우탄을 찾아야 했고, 찾더라도 오랑우탄이 던지는 나무 막대기를 피하면서 접근해야 했어.

★ 사고의 유연성

오랑우탄은 햇빛에 비치면 붉게 보이는 갈색 털과 검은색 피부가 특징이야. 갈디카스는 처음에는 붉은 빛의 털을 찾으려고 했지만, 열대 숲에서는 붉은 빛의 털이 거의 눈에 띄지 않아서 오히려 검은색 피부에 초점을 맞춰 찾아다녔어. 눈으로 찾기가 힘들 때는 한자리에 멈춰서서 귀로 오랑우탄을 찾았어. 오랑우탄이 움직일 때 나는, 나뭇가지가 부딪치고 꺾이는 소리, 나뭇잎이 흔들리는 소리, 먹을 수 없는 과일을 떨어뜨리는 소리가 실마리가 됐지.

★ 사회에 공헌하고자 하는 마음

그 외에도 여러 출판 활동과 강연을 통해 오랑우탄에 대해 홍보한 결과 많은 결실을 맺게 되었어. 1986년에는 전 세계 오랑우탄을 보호하는 기구인 '국제 오랑우탄 재단(OFI: Orangutan Foundation International)'이 설립되었고, 오랑우탄에 대한 관심과 후원이 더 커졌어. 대만 정부는 오랑우탄 매매를 줄이기 위해 자국 내 유인원 반려동물 반입 금지 조치를 내렸고, 몇몇 국가에서는 보르네오 숲에서 나온 목재 판매를 불법화해서 오랑우탄 서식지 보존을 도와주기도 했지. 이러한 노력 덕분에 오랑우탄은 탄중푸팅이라는 서식지를 잃지 않게 되었고, 현재 인도네시아 전역에 2만여 마리가 이전보다 안전하고 평화롭게 살아가고 있어.

5

DNA 구조를 발견한

왓슨과 크릭

James Watson, 1928년 4월 6일 ~ 현재

Francis Crick, 1916년 6월 8일 ~ 2004년 7월 29일

◆ 왓슨과 크릭의 뇌 구조

생기론

책 『생명이란 무엇인가?』

51번 X선 결정 사진

캐번디시 연구소 vs. 킹스칼리지 연구소

염기를 안쪽으로   샤가프의 법칙

프랭클린 vs 윌킨스

DNA 이중나선 분자구조 규명

모형화 vs 폴링교수

박테리오파지 연구

수중폭탄 개발

유전공학

물리학

분자생물학

왓슨

크릭

RNA 코돈 코딩 암호 해석

하버드대 교수   HGP

이글 펍에서 아침 토론 케미 폭발

솔크 연구소 뇌 연구

노벨 생리의학상

우리는 DNA 염기의 구조에 대해서 제안하고자 한다. 이 구조는 생물학계가 매우 관심 있어 할 새로운 특징을 가지고 있다.

왓슨과 크릭의 1953년 4월 25일 〈네이처〉 논문 중

 ## 전쟁에서 이긴 영국

영국이 제2차 세계대전에서 승전국이 되자 온 나라가 들썩였고, 이러한 분위기는 과학계에도 긍정적인 영향을 끼쳤어. 왓슨과 크릭이 만나게 될 캐번디시 연구소(Cavendish Laboratory)를 비롯해 여러 기초 연구소들에는 최첨단 시설이 갖춰졌고, 전쟁을 치르는 과정에서 서로의 분야를 공유할 필요가 있었던 까닭에 물리학과 생물학의 공동 연구와 같은 학문 간 융합 연구가 활발히 이루어지고 있었지.

두 개의 다른 학문 분야를 연결한 혁신적인 실험 결과들이, 두 학문 분야 관련성의 참된 가치를 보여준다.

크릭의 자서전 『열광의 탐구』 중

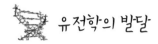 유전학의 발달

이 당시 학자들은 생물이 무생물과는 달리 복잡한 체제로 되어 있다고 생각했어. 이런 철학 사상을 생기론(生氣論, Vitalism)이라고 하는데 생기론은 생물체를 구성하는 화학물질은 무생물과는 달리 신성한 생명력이 있으므로 무생물을 연구하는 방법과는 다르게 연구해야 한다고 주장했어. 하지만 과학이 발달하면서 신이나 초자연적 존재를 인정하지 않는 철학적 흐름이 생기는데, 이 흐름 속에서 환원주의(還元主義, Reductionism)가 나오게 돼. 환원주의란 아무리 복잡한 생물체일지라도 원자, 분자로 되돌릴(환원) 수 있고, 질병도 과학적 지식으로 분석하여 고칠 수 있다는 이론이야. 유전자를 조작해 지능이나 외모를 바꾸고 심지어 삶과 죽음에도 영향을 미칠 수 있다고 주장하지.

환원주의 철학의 흐름은 멘델이 유전의 법칙을 발견한 뒤 80여 년 뒤에야 나타나기 시작했지만, 유전자 본체에 대해서는 아직 알아내지 못하고 있었어. 미국의 생물학자인 월터 서턴(Walter S. Sutton)이 초파리를 통해서 염색체에 유전자가 존재한다고만 밝혔을 뿐, 1950년대 초까지 '염색체의 대부분을 이루는 단백질 중 어떤 물질이 유전자 역할을 할 것이다'라는 추측만 하고 있었지. 왜냐하면 단백질에 비해 상대적으로 단순한 사슬 모양을 가진 DNA가 중요한 역할을 하는 유전물질일 것이라고는 생각하지 못했던 거야. 어찌 보면 원시 물질이라고 할 수 있는 DNA를 무시해왔던 부분도 있어.

생명체를 이루는 주요 물질에는 4가지가 있는데 단백질, 다당류(당과 녹말), 지방, 핵산이야. 이 중에서 핵산이 제일 마지막에 발견되었던 것도 핵

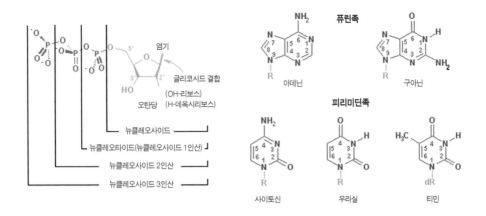

뉴클레오타이드와 뉴클레오사이드(염기와 오탄당의 화합물), 염기의 형태

산의 한 종류인 DNA의 역할을 늦게 발견하게 된 또 다른 이유가 될 수 있지. 핵산은 1868년 스위스의 생리학자 요한 미셰르(Johan F. Miescher)가 처음 발견했어. 미셰르는 병원에서 사용한 붕대의 고름에서 백혈구 세포를 추출한 뒤 그 안에서 핵을 뽑아냈는데 핵 중앙 부분에서 인의 함량이 높고 산성을 띠는 물질을 발견한 거야. 그는 이 물질을 핵산(Nucleic acid)이라고 이름 붙였지. 간단히 말해 핵산이란 핵 속에서 산성을 띠는 물질이라는 뜻이야.

이쯤에서 왓슨과 크릭이 연구했던 핵산에 대해 자세히 알아볼 필요가 있겠지? 핵산은 '뉴클레오타이드(Nucleotide)'라는 단위분자로 이루어져 있는데 뉴클레오타이드는 왼쪽부터 인산, 오탄당(리보스, ribose), 염기로 구성되어 있어. 인산 부분은 산성을 띠고 있고, 오탄당 부분은 인산과 염기를 연결해주는 연결고리 역할을 해. 이 리보스에 산소 원자가 있느냐 없느냐에 따라 핵산을 RNA(Ribo Nucleic Acid, 리보핵산)와 DNA(Deoxyribo Nucleic Acid, 데옥시리보핵산) 두 종류로 구분하지.

데옥시리보스(deoxyribose)는 그림에서처럼 산소 분자(O)가 하나 적은 분자로서, 데(de)는 '뗀다'는 의미이고 옥시는 '산소'를 뜻해. 마지막 부분인 염기는 납작한 모양을 하고 있어서 왓슨과 크릭의 모형에서 6각 모양의 판으로 표현됐어. DNA의 염기에는 A(아데닌), T(티민), G(구아닌), C(사이토신)의 4종류가 있고, RNA의 염기에는 A(아데닌), U(우라실), G(구아닌), C(사이토신)가 있어. 그리고 성질에 따라 A(아데닌), G(구아닌)는 퓨린족으로, C(사이토신), U(우라실), T(티민)는 피리미딘족으로 구별하지.

핵산이 발견된 이후 미국의 유전학자 오즈월드 에이버리(Oswald Avery)는 쥐를 이용한 실험에서 DNA가 유전물질이라는 사실을 밝혀냈어. 또 박테리오파지(박테리아에 기생하는 바이러스)를 이용한 허시와 체이스의 실험(Hershey-Chase experiment)을 통해 과학계는 DNA가 유전물질이라는 확신을 하게 되지. 그 뒤로 많은 과학자가 DNA 연구에 뛰어들었고, 왓슨과 크릭도 이 연구에 뛰어든 그룹 중 하나였어.

: 연구 동기 :

왓슨은 1928년 4월 6일, 미국 시카고에서 아버지가 통신학교 사무직인 평범한 가정에서 태어났어. 왓슨은 어려서부터 천재성을 보였는데 노트에 정리하지 않아도 내용을 다 숙지해서 항상 반에서 1등을 차지하곤 했대. 훗날 세계적인 과학자가 된 왓슨이 처음부터 과학에 흥미를 보였던 건 아니야. 단지 새에 관심이 많아서 조류학도의 꿈을 꾼 정도였지. 왓슨은 15세에 고등학교를 졸업하고 시카고대학교에서 4년 만에 철학학사와 이학학사 학위를 받았어. 그 뒤 인디애나대학교에서 박테리오파지(박테리아에 기생하는 바이러스)를 연구하는 샐버도어 루리아(Salvador Luria) 교수 밑에서 연구과제를 수행했지.

1950년, 왓슨은 22세의 이른 나이에 박사학위를 받고 박테리오파지가 아닌 '핵산'이라는 물질을 박사후 연구 주제로 삼게 돼. 핵산을 연구하려면 생화학에 대해 공부해야 했는데, 왓슨은 다른 공부는 잘했지만 화학 공부는 제대로 하지 않았었나 봐. 결국 화학을 더 공부하기 위해 덴마크의 헤르만 칼카르(Herman M. Kalckart) 교수 연구실에 박사후 연구원으로 들어갔지. 왓슨의 경우를 보면 여러 과목을 두루 공부해두는 것도 과학자가 되는 과정에 필요한 것 같아. 연구를 계속하다 보면 나중엔 억지로라도 배워야 하는 일이 생기니 말이야. 하지만 왓슨은 생화학에 재미를 느끼지 못했고 그곳 덴마크의 기후에도 적응하지 못해 힘들어했어. 그의 첫 번째 박사후 연구원 생활은 이렇게 실패로 끝나는 듯했지.

모리스 윌킨스

왓슨이 공부에서 제일 중요하게 생각한 건 흥미였던 것 같아. 오랜 기간 동안 공부를 하려면 관심과 흥미가 있어야 지속할 수 있잖아? 다행히 왓슨은 나폴리에서 열린 학회에서 영국 킹스칼리지의 모리스 윌킨스(Maurice Wilkins, 1916년 12월 15

일~2004년 10월 5일)의 강의를 듣고 다시 흥미를 되찾게 돼. 윌킨스는 엑스선(X-ray) 회절 사진으로 작은 분자 물질의 형태를 연구하고 있었고 그 사진들이 왓슨을 매료시켰지. 그래서 덴마크에서 연구한 지 1년 만인 1951년, X선 회절에 대해서 연구하는 캐임브리지의 캐번디시 연구소에 크릭의 후배로 들어가게 돼.

크릭은 1916년 6월 8일, 영국 노샘프턴(Northampton)의 신발 사업가 집안에서 태어났어. 제1차 세계대전이 끝난 뒤 영국의 경제는 매우 어려웠는데 크릭의 아버지는 다니던 신발 회사가 망하자 사업을 접고 런던에서 구두점을 운영하며 생활했지. 크릭은 어려서부터 과학에 관심이 많았다고 해. 특히 화학이나 폭발 실험과 같은 것을 좋아했대. 과학에 대한 관심이 커질수록 크릭은 점차 종교에 대한 믿음을 잃었고 사춘기가 지날 무렵엔 무신론에 가까운 가치관을 가지게 되었지. 이후 런던 유니버시티칼리지에 입학하여 물리학 전공을 차석으로 졸업하고, 수학도 부전공으로 학위를 받게 돼. 1939년, 박사과정 중에 제2차 세계대전이 일어나자 영국 해군성의 연구원으로 일했어. 크릭은 이곳에서 독일군의 탐지장치를 피할 수 있는 새로운 수중 폭탄을 개발했지.

그런데 크릭은 사회성이 별로 좋지 못해서 동료들과는 잘 어울리지 못했대. 직설적인 성격 탓에 해군성에 근무할 때도 상관의 말이 자기 생각에 맞지 않으면 주저 없이 반론을 제기했지. 아마 이런 성격 때문에 나중에 캐번디시 연구소에 왔을 때도 나이 많은 선배나 상급자와 함께하는 연구를 힘들어했던 것 같아. 동생뻘인 왓슨은 그나마 권위적이지 않았기 때문에 함께 연구를 하게 된 것인지도 몰라.

크릭은 전쟁이 끝나고 해군성에 머물면서 물리학 기초연구를 하기로 되어 있었어. 하지만 크릭은 무기를 연구하는 데 자기 인생을 보내기 싫었어. 생물학에 관심이 끌리기도 했고, 생물에는 무생물과 다른 무언가가 있다는 생기론을 부정하고 싶은 마음도 들었기 때문에 새로운 도전을 시작하기로 했지. 어느덧 30세를 넘긴 크릭은 진심으로 자기가 하고 싶은 일이 무엇인지 고민하게 돼. 이런 고민 과정에서 발견한 방법이 '잡담 테스트'였어. 한 사람이 진심으로 관심 있어 하는 일은 바로 그 사람이 주로 잡담하는 대상이라는 거야. 크릭은 자신이 잡담을 일삼는 분야가 두 가지 있다고 생각했는데 그중 하나가 생물과 무생물 경계에 있던 분자생물학 분야이고, 다른 하나는 뇌를 연구하는 신경생물학 분야였어. 그는 두 분야 중에서 자기가 더 연구하고 싶었던 '분자생물학'을 전공으로 결정하게 돼. 노년에는 뇌 분야를 연구하기도 했으니, 크릭은 자기가 하고 싶던 분야에 대한 연구를 둘 다 한 셈이지.

1940년대에는 물리학자가 생물학을 연구하는 경우가 거의 없었어. 하지만 크릭은 용기있게 이런 통념을 깨고 1947년 케임브리지대학교 물리학 연구소인 캐번디시 연구소의 연구원으로 들어갔어. 캐번디시 연구소는 저명한 물리학자인 톰슨이 전자를 발견하고 채드윅이 중성자를 발견한 기초물리학 연구의 최전선이었던 곳이야. 물리학도였던 크릭은 분자생물학으로 전공을 바꿔 박사과정을 마무리 짓기 위한 연구에 들어갔지.

흥미롭게도 왓슨과 크릭이 공통으로 읽고 DNA 연구에 뛰어들도록 이끌었던 책이 있어. 바로 오스트리아의 물리학자 슈뢰딩거(Schrödinger)가 지은 『생명이란 무엇인가?What is life?』라는 책이야. 이 책에서 슈뢰딩거는 생물체도 원자로 나누어 물리학과 화학 원리로 이해할 수 있다고 주장

X선 결정 장비

했어. 왓슨과 크릭은 이 책에 힘입어 유전자의 물리-화학적 비밀을 밝혀내는 연구에 대한 꿈을 꾸게 되었지.

케임브리지대학교의 캐번디시 연구소 소장인 브래그(Bragg)는 25세에 노벨상을 받은 천재로, X선결정학이라는 새로운 분야를 개척한 과학자였어. X선결정학은 물질의 분자구조를 알아보기 위해 분자에 X선을 쐬어 나온 사진을 이용하는 학문이야. 작은 고체 분자에 두 개 이상의 X선을 쐬어주면 X선이 튕기면서 무늬가 나타나지. 마치 흐르는 강물이 튀어나온 바위에 부딪힌 뒤 무늬가 생기는 원리와 비슷해. X선을 쐬었을 때 찍힌 무늬를 보고 분자 내의 원자들의 위치와 거리를 간접적으로 구해낼 수 있어. 원래 이 X선결정학은 물리학에서 물질 분자를 연구할 때 이용했는데, 캐번디시 연구소의 페루츠(Perutz) 교수가 생물 분자들을 연구하는 데 처음 적용했어. 크릭은 이 페루츠 교수 밑에서 세포에 대한 연구를 시작하고, X선결정학을 접하게 되었어. 1950년대 생물학계에서는 X선결정학을 통해 여러 가지 단백질의 구조가 하나둘 밝혀지고 있었는데 페루츠 교수 연구팀은 10년 동안 헤모글로빈 결정체를 연구하던 중이었지.

1949년, 페루츠 교수 연구실로 옮긴 크릭은 X선결정학에 대해 열심히 공부했어. 2년 뒤에 첫 번째 연구 결과를 발표했지만, 선임연구원들에게

'한심한 시도'라는 심한 질타를 받았지. 하지만 크릭은 그런 비난에 아랑곳하지 않는 성격이었고, 오히려 연구소에서 하는 연구 방법 중 잘못된 것이 있다고 맞받아쳤어. 논쟁 끝에 크릭의 방법이 옳았다는 사실이 증명되어서 다행이었지만, 크릭의 직설적인 성격은 연구소 사람들과의 관계를 어렵게 만들었어. 이 일이 있고 나서 왓슨이 오기 전까지 크릭은 연구소에서 왕따처럼 지내야 했지.

: 연구 성과 :

1951년 10월, 캐번디시 연구소에서 35세 늦깎이 왕따 박사과정 학생인 크릭과 덴마크 부적응(?) 박사후 연구원인 22세 왓슨이 운명적으로 만났어. 이 둘은 처음부터 말이 잘 통했어. 둘 다 DNA가 단백질보다 더 중요한 유전물질일 것이라는 생각을 하고 있었고, 유전자가 무엇으로 이루어져 있는지 궁금해했지. 이 공통된 생각과 관심사가 전공이나 출신이 다른 유전학자 왓슨과 물리학자 크릭을 하나로 만들어 DNA 분자구조를 밝히는 연구에 매진하도록 하는 원동력이 되었지.

일하는 방식에서는 혈기왕성한 젊은이들다운 추진력과 냉정함을 동시에 가지고 있었어. 왓슨과 크릭은 캐번디시 연구소에서 합류한 지 며칠되지 않아서 함께 DNA 구조를 밝히기로 결심하지. 다만 크릭은 헤모글로빈 구조에 대한 연구를 박사 논문 과제로 진행하고 있었고, 왓슨은 미

오글로빈 연구실에서 연구를 하고 있었으므로 두 사람은 자투리 시간을 내어 일주일에 몇 시간 정도만 DNA 구조에 대해 이야기하고 토론할 수 있었어. 어떻게든 만나서 이야기해야 했기 때문에 매일 '이글 펍(pub, 술을 비롯한 여러 음료와 음식을 파는 곳)'에서 아침을 같이 먹으며 DNA 구조 문제에 관한 서로의 생각을 나눴지.

두 사람은 각자 다른 분야의 관점과 지식을 공유하면서, 한 사람이 아이디어를 내면 다른 한 사람은 그것을 냉철하게 검토해주는 방식으로 토론을 진행했어. 당시에 둘은 연구 인생에서 영혼의 짝을 만난 것 같은 느낌이 들었을 거야. 그 시간이 얼마나 행복하고 즐거웠을지 부럽기까지 해. 이러한 좋은 팀워크가 왓슨과 크릭이 DNA 구조의 발견이라는 대과업을 이루도록 큰 역할을 했을 거야.

나는 연구가 잘되고 못되고를 막론하고, 그 일의 매 순간순간을 즐겼노라고 말할 수 있을 뿐이다.

크릭의 자서전『열광의 탐구』중

왓슨과 크릭은 이미 단백질의 나선형 분자구조를 모형으로 밝힌 미국의 라이너스 폴링(Linus C. Pauling) 교수를 자신들의 경쟁 상대로 정했어. 그리고 폴링 교수가 연구에 사용한 모형 제작 방법으로 DNA의 분자구조를 규명하기로 하지. 적의 무기로 적을 쓰러뜨리겠다는 작전이었어. 폴링이 단백질 구조를 밝히는 데 사용한 모형은 원자들이 서로 결합된 각도를 알 수 있고 원자들 간의 거리를 시각적으로 표현할 수 있다는 장점이 있었어.

다행히도 왓슨과 크릭이 DNA 연구에 뛰어들 당시 DNA에 대한 많은 연구 결과들이 나와 있었어. 특히 기본 분자가 인산과 당과 염기로 이루어진 뉴클레오타이드 단위로 구성되어 있고, 염기에는 4가지 종류가 있다는 사실은 구조 모형 제작에 중요한 기반이 되었지. 그리고 뉴클레오타이드가 여러 개 모여서 한 줄의 폴리뉴클레오타이드가 되고, 이 구조가 나선형일 것이라는 추측도 나오고 있는 상황이었어. 즉 왓슨과 크릭이 DNA의 나선형 구조를 발견했다고 하지만, 이들이 연구할 당시에 이미 대부분의 연구자들은 DNA가 나선형일 거라 예상을 하고 있었다는 거야.

그런데 DNA의 구조를 발견하는 마지막 단계에서 몇 가지 문제들이 풀리지 않고 있었어. DNA의 나선형 구조가 폴리뉴클레오타이드 몇 가닥으로 구성되었는지, 염기는 나선 안쪽에 붙어 있는지 바깥쪽에 붙어 있는지, DNA 나선은 어느 정도 간격으로 감겨 있는지 등의 의문점들이 해결

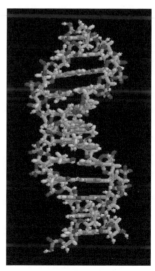

뉴클레오타이드   이중나선 구조의 DNA

이 안 된 상태였지. 왓슨과 크릭은 이러한 문제들을 모형을 통해 시각적으로 해결하고 증명해 보였어. 그들은 'DNA가 폴리뉴클레오타이드 2가 닥이 모여서 이루어진 이중나선 구조로 되어 있으며, 염기들이 안쪽을 향해 마주 보면서 A-T, G-C의 결합을 한다'는 사실을 알아낸 거야.

하지만 그 사실들을 바탕으로 분자 모형을 만드는 과정은 그리 쉬운 일이 아니었어. 모형을 만들기 위해서는 그 모형을 증명할 X선 데이터 값들이 필요한데, 핵산처럼 큰 분자들은 깔끔한 X선 사진을 얻기 힘들 뿐만 아니라 겨우 얻어낸 X선 사진들도 여러 가지로 해석될 수 있다는 점에서 어려움이 많았다는 거지.

DNA 구조에 관한 남은 문제들을 해결하고 이론에 부합하는 모형을 만들기 위해서는 무엇보다 정확한 데이터 즉, 선명한 X선 사진들이 필요했어. 그런데 X선 사진으로부터 DNA 구조를 밝히는 연구에는 런던 내의 또 다른 연구소인 킹스칼리지의 모리스 윌킨스가 이미 뛰어든 상태였지. 당시 영국 학계에는 '같은 지역의 연구소에서 동일 주제로 연구하지 않는다'는 불문율이 있었어. DNA 구조는 윌킨스가 먼저 연구하고 있었고, 윌킨스의 강의에 이끌려 X선결정학을 연구하게 된 왓슨과 심지어 윌킨스의 친구이기도 한 크릭이 뒤늦게 이 연구에 뛰어드는 것은 용납되기 힘든 분위기였어. 그럼에도 왓슨은 이런 관행이 부당하다고 생각했고 두 사람의 DNA에 대한 열정은 이런 불문율로는 막기에 역부족이었지.

1951년 11월, 두 사람은 일주일 동안의 토론 끝에 1차 모형을 만들어냈어. 이 첫 번째 모형을 만드는 데 제일 큰 도움이 되었던 것은 다름아닌 윌킨스의 연구실에 새로 들어온 로절린드 프랭클린(Rosalind E. Franklin)이라는 여성 과학자의 특강이었어. 3년 계약으로 킹스칼리지 연구소에 온 프랭클린은 DNA에 대한 지식이 해박했고, X선 결정의 사진 촬영 기술이 세계적으로 뛰어난 학자였어. X선 결정 사진을 얻기 위해서는 분자결정을 먼저 만들고 X선을 쬐어주어야 해. 하지만 이 결정을 만들 때 물을 머금은 정도나 주변의 습도에 따라 사진에 나오는 결정 모양이 천차만별로 달라졌고, X선 또한 너무 많은 양을 쬐어주면 분자가 파괴되어 깨끗한 사진을 얻기가 힘들었지.

프랭클린을 프랑스에서 스카우트해 온 뒤 처음 열었던 특강 장소에 왓슨이 와 있었어. 왓슨은 자기 머리를 과신했었기 때문에 평소처럼 노트 필기를 하지 않았지. 그런데 이날은 프랭클린이 알려준 소중한 정보 값들을 기억하지 못했어. 결국 크릭에게 프랭클린의 강의 내용을 전달하는 과정에서 잘못된 정보를 전달했고, 그것을 바탕으로 모형을 만드는 바람에 당연히 실패할 수밖에 없었던 거야.

왓슨과 크릭이 처음 만든 모형은 3가닥으로 된 것이었어. 심지어 염기가 안쪽에 있지 않고 바깥쪽에 있었지. 그래서 윌킨스와 프랭클린 등 주변 동료들을 초청해 모형에 대한 검증을 받았을 때, 곧바로 프랭클린에게 실험 결과와 맞지 않는 부분들을 지적당했어. 왓슨과 크릭이 첫 번째 모형을 공개하자 브래그 연구소장은 이들이 영국 학계의 불문율을 지키지 않은 것에 대단히 화를 냈어. 심지어는 이들이 만든 모형을 윌킨스에게 전해주고 DNA 연구에서 손을 떼라고 이야기했지. 하지만 윌킨스는 모형이 아닌 데이터로 DNA 구조를 해명하고 싶었기 때문에 이 모형을 받지는 않았어. 만약 윌킨스가 모형을 받았더라면 왓슨과 크릭이 아닌 다른 사람이 DNA 구조를 밝혔을지도 몰라.

1차 모형이 실패로 돌아간 후 브래그 연구소장의 명령에 따라 공식적으로 왓슨과 크릭의 DNA 연구가 금지당해. 어쩔 수 없이 두 사람은 자기들이 원래 하던 연구로 돌아갈 수밖에 없었지. 하지만 왓슨과 크릭은 DNA에 대한 미련을 버리지 않고 비공식적으로 시간을 내어 공부하고 토론을 이어갔어. 나중에는 연구실 사람들이 비공식적으로 두 사람을 위해 마음껏 떠들 수 있는 연구실을 하나 마련해줄 정도였지. 자신에게 주어진 연구만으로도 바쁘고 힘들었을 텐데 일상생활의 피곤함도 이겨낼 만큼 두 과학자의 DNA에 대한 열정은 대단했어.

우리는 당시 생물학 분야에 종사하는 대부분의 학자보다 훨씬 더 많이 생각했다.

크릭의 자서전 『열광의 탐구』 중

왓슨과 크릭이 경쟁자로 삼았던 폴링 교수는 자기와 같은 방식으로 DNA 분야에 뛰어들 학자가 있을 거라고는 상상도 못 했어. 왜냐하면 당시에는 DNA 모형에 대한 연구 논문이 거의 없었을 뿐더러, 자신이 단백질 구조를 밝히는 경쟁에서 캐번디시 연구소의 페루츠 교수를 이긴 지 얼마 안 되었기 때문에 경쟁자가 없다고 생각하고 DNA 연구는 뒷전으로 미루고 있었지. 그보다는 오히려 여러 가지 단백질의 구조를 밝히는 데 신경을 쓰고 있었어. 그런데 마치 '토끼와 거북이' 이야기 같은 일이 벌어지게 돼. 이야기 속의 토끼처럼 폴링이 '자는' 동안 왓슨과 크릭이라는 거북이들이 서로를 등에 '업어가며' 협동해서 폴링을 앞지르고 있었거든.

그렇다고 폴링이 마냥 쉬고만 있던 것은 아니었어. 1953년 1월, 폴링은 DNA 구조에 대한 연구 논문을 발표했어. 왓슨과 크릭은 폴링이 DNA 구조를 완벽히 규명한 줄 알고 깜짝 놀랐지. 하지만 논문을 본 두 사람은 이내 안도의 한숨을 내쉬었어. 자신들이 1차 모형에서 했던 실수를 폴링이 똑같이 저질렀기 때문이야. 폴링은 유럽학회에서 발표되고 있던 X선 결정 사진 데이터들을 수집하지 못했어. 사회주의자인 아내를 지지했다는 이유로 미국 정부가 유럽으로 가는 폴링의 여권을 취소시켜버렸거든. 결국 새로운 데이터를 얻지 못한 폴링은, DNA가 3개의 나선 사슬로 되어 있으며 염기가 바깥쪽에 있는 구조인 잘못된 모형을 만들 수밖에 없었지. 하지만 이내 폴링이 자기 잘못을 깨닫고 다시 새로운 모형을 만들려고 할 것이기 때문에 왓슨과 크릭은 마냥 기뻐하고만 있을 순 없었어.

폴링이 잘못된 모형을 발표할 당시에 왓슨과 크릭은 더 많은 데이터들을 모으고 있었어. 1952년 봄, 크릭은 수학자 친구인 그리피스에게 부탁해서 4종의 염기가 서로 어떤 것을 끌어당기는지 알아봐 달라고 부탁했지. 그 결과 A(아데닌) 염기는 T(티민) 염기를 끌어당기고, C(사이토신) 염기는 G(구아닌) 염기를 끌어당긴다는 사실을 알아냈어. 그리고 우연히 생화학자인 어윈 샤가프(Erwin Chargaff)와 점심을 먹게 되었는데 그에게서 한 가지 중요한 '발견'에 대해 듣게 돼. 바로 '샤가프의 법칙'이야. 샤가프의 법칙이란 여러 DNA를 분석한 결과 A(아데닌)와 T(티민)의 비율과 C(사이토신)와 G(구아닌)의 비율이 항상 1:1이라는 것이었어. A가 하나 있으면 T가 하나 있어야 하고 C가 하나 있으면 G가 하나 있어야 한다는 법칙이지. 왓슨과 크릭은 이 법칙을 통해 A와 T가 결합해서 쌍을 이루고 이와는 별개로 C와 G가 결합해서 쌍을 이룬다는 사실을 확신할 수 있었어.

이런 사실을 알고도 확실한 X선 결정 데이터가 없었기 때문에 왓슨과 크릭의 연구는 잠시 소강 상태를 맞았어. 하지만 폴링의 연구를 전해 듣

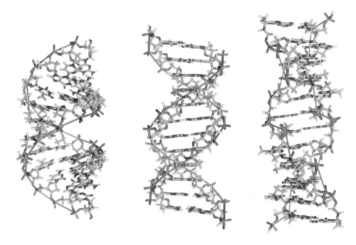

왼쪽부터 A형, B형, Z형 DNA. Z형 DNA는 퓨린 염기와 피리미딘 염기가
교대로 있는 특정 염기 배열에서만 만들어진다.

고 나서 마음이 급해진 둘은 다시 연구에 박차를 가하게 돼. 왓슨과 크릭
은 공식적으로 DNA에 대한 연구를 금지당한 상태였기 때문에 윌킨스에
게 정식으로 자료를 요청할 순 없었어. 그런 상황에서 왓슨이 혼자 폴링
의 논문을 들고 조언이라도 구할 겸 킹스칼리지 연구소에 방문하게 되지.
왓슨은 윌킨스를 기다리는 과정에서 우연히 프랭클린을 먼저 만나게 되
는데 프랭클린은 폴링의 논문을 보고 왓슨과 크릭이 저지른 실수를 되풀
이했음을 지적하고 윌킨스와 교류하는 왓슨에게 신경질적으로 대했어.
이에 화가 난 왓슨이 프랭클린과 말다툼을 하게 되지만 뒤이어 들어온 윌
킨스가 왓슨과 프랭클린의 싸움을 말리면서 상황은 끝이 났지.

프랭클린이 물러난 뒤, 윌킨스는 넋두리하듯 왓슨에게 자신의 신세를
한탄했어. 그러다가 최근 프랭클린이 찍은 새로운 형태의 DNA 사진을
자기 조수를 시켜 몰래 빼돌렸다고 이야기하고 기존 DNA와 다른 형태인
B형 DNA 사진을 프랭클린의 동의 없이 보여주었어. 이 사진이 바로 유

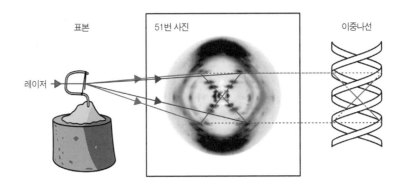

프랭클린이 찍은 51번 B형 DNA 사진의 X자 대각선 무늬

명한 프랭클린의 51번 DNA 사진이야.

　왼쪽 위의 그림을 보면 뭉쳐서 꼬인 구조로 된 A형 DNA와 정형화된 구조를 가지고 있는 B형 DNA가 비교가 되지? 프랭클린은 실험 도중 DNA를 기존보다 더 많이 물에 적시게 되면 A형 DNA가 아닌 길고 가느다란 B형 DNA가 생긴다는 것을 알고 있었어. 이 B형 DNA를 X선 결정 사진으로 찍으면 모양이 대칭인 형태로 나올 수 있어. 프랭클린은 B형 구조를 이미 발견했음에도 불구하고 A형의 결정이 더 잘 만들어졌기 때문에 A형을 먼저 분석하고 있었지. 이 사진이 중요했던 이유가 있어. 사진에서 검은색으로 x자 대각선의 무늬가 보이지? 이 무늬는 분자가 이중나선 구조일 때만 나오는 모양이야. 이 사진만 있으면 DNA가 이중나선 모양으로 되어 있다고 확증할 수 있었어.

　왓슨은 돌아오는 기차 안에서 51번 사진에 대한 생각을 정리하고 이를 크릭과 브래그 연구소장에게 전했어. 브래그 연구소장은 왓슨의 열정과 확신에 마음이 움직였어. 그리고 한편으로는 단백질 연구에서 폴링에게 졌던 수모를 왓슨과 크릭이 되갚아주길 바랐지. 결국 왓슨과 크릭은 캐번디시 연구소에서 DNA 연구에 전념하도록 공식적으로 허락을 받고 그들만의 연구실을 배정받을 수 있었어.

기회는 준비된 자에게 찾아온다.

크릭의 자서전『열광의 탐구』중

DNA가 이중나선 구조로 되어 있음을 알게 된 왓슨과 크릭은, 폴링이 자신의 모형이 잘못되었다는 사실을 알고 언제 다시 모형을 완성할지 모르는 상황에서 먼저 모형부터 만드는 데 전력을 기울였어. 공작실에 분자들을 표현할 모형의 부품들을 부탁했고, 이틀 뒤 나온 부품들을 이론에 맞춰 조립했지. 하지만 모형 제작은 생각보다 어려운 점이 많았어. 왓슨

은 염기가 밖에 있어야 세포 내에서 다른 물질들과 쉽게 접촉해서 단백질을 만들어낼 것으로 생각했기 때문에 두 가닥에서 염기를 바깥쪽으로 뺀 상태에서 조립했는데 잘 되지 않았어. 조립 과정에서 실패가 계속되자 왓슨은 크게 낙담했어. 크릭도 박사학위 논문 막바지 작업 중이어서 왓슨을 제대로 도와주지 못하는 상황이었지.

왓슨과 크릭의 DNA 모형(재구성)

왓슨은 머리를 식히기 위해 테니스를

치거나 영화를 보며 초조함을 가라앉히고 아이디어가 떠오르길 기다리고 있었어. 그러다 '염기들을 안쪽으로 조립해보는 건 어떨까?'라는 생각이 불현듯 떠올랐어. 염기의 위치가 바뀌어 또다시 처음부터 분자들 사이의 힘과 거리를 계산하며 배열을 해야 한다는 괴로움이 있었지만, 용기를 내서 다시 염기가 안쪽에 들어가는 이중나선 구조를 조립하기 시작했지. 창조적 사고는 그것만 열심히 바라보고 매진할 때 나오기도 하지만, 때론 한 발자국 떨어져서 바라볼 때 불쑥 떠오르기도 하는 것 같아.

만약 우리가 영예를 차지할 가치가 있다면 그것은 끊임없는 의욕, 그리고 어떤 아이디어가 논리적으로 맞지 않을 때 과감히 버릴 수 있는 마음가짐 때문일 것이다.

크릭의 자서전『열광의 탐구』중

그렇지만 안쪽에 염기를 배치한다고 해서 모든 문제가 해결된 것은 아니었어. 왜냐하면 같은 염기끼리 즉, A-A, T-T, G-G, C-C로 결합한다고 생각하고 조립하고 있었거든. 그러다가 잊고 있던 샤가프의 법칙을 떠올렸어. A는 T와, G는 C와 결합을 하므로 A와 T의 비율이 같고 G와 C의 비율이 같을 수 있다는 걸 생각하게 된 것이지. 또 A와 G 같은 퓨린 염기는 큰 분자이고 T와 C 같은 피리미딘 염기는 작은 분자라서 상보적(서로 모자란 부분을 보충해주는 관계)으로 결합을 했을 때 모양도 비슷해지고 DNA의 굵기도 일정하게 돼. 예를 들어 GATTACA라는 한쪽 DNA 사슬이 있으면 반대쪽은 CTAATAT라는 염기서열이 반드시 존재하게 되는 거야. 결국 왓슨과 크릭은 DNA 사슬을 20Å(옹스트롬, 1Å=10^{-10}m)의 일정한 굵기

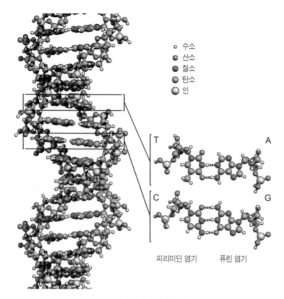

수소
● 산소
● 질소
● 탄소
● 인

T   A

C   G

피리미딘 염기   퓨린 염기

A-T G-C로 상보적인 결합을 하는 DNA

의 A-T, G-C 결합 구조로 조립했어. 이론에 맞춰서 고민하는 데엔 2년이 넘게 걸렸지만, 마지막 조립 과정은 1시간이면 충분했지. 두 사람은 180 센티미터짜리 모형을 통해 DNA가 오른쪽 방향으로 꼬인 이중나선이고, 34Å마다 10개의 염기 쌍이 쌓여 한 바퀴를 돈다는 사실을 명확히 증명 했어.

1953년 3월 7일 토요일, 드디어 왓슨과 크릭의 DNA 이중나선 모형이 완성되었어. 이를 이론적으로 검증 받기 위해 킹스칼리지와 캐번디시 연 구소에 있는 모든 연구원을 초청했지. 모형을 본 윌킨스, 프랭클린을 포 함한 모든 연구원은 이 모형이 이론에 부합하는 모형이라고 인정했어. 그 리고 소식을 들은 폴링도 케임브리지에 방문해 그 모형이 옳다고 동의하 고 패배를 깨끗이 인정했어. 왓슨과 크릭 vs. 폴링의 대결에서 왓슨과 크 릭이 승리한 거야. 과학 연구에서 처음으로 패배를 경험한 폴링은 아쉬움 을 느꼈겠지만, 왓슨과 크릭의 위대한 발견에 담긴 생물학적 의의에 대해

축하할 수밖에 없었을 거야.

　우리가 연구 경력이 미흡했음에도 불구하고 좋은 과제를 선택하고 또 그것에 몰두했다는 데 성공 요인이 있다. 혹자가 말하는 것처럼 우리가 어슬렁어슬렁 돌아다니다가 우연히 금을 발견했다는 것도 사실이다. 그러나 금을 찾고 있었다는 것이 중요한 것이다.

크릭의 자서전 『열광의 탐구』 중

　왓슨과 크릭이 폴링을 넘을 수 있었던 성공 이유는 무엇일까?
　먼저 이 두 사람의 환상적인 팀워크를 들 수 있어. 왓슨과 크릭은 폴링보다 DNA 연구에 뒤늦게 뛰어들었지만, 그 경쟁에서 이기기 위해 시간과 장소를 가리지 않고 논의하고 서로의 생각을 주고받았어. 토론 과정에서 그들은 자신들의 아이디어를 거침없이 이야기하고 냉철하게 검토하는

염기가 중심에 있는 나선형 DNA 모형

분위기에서 기존의 정형화된 아이디어에서 벗어나 다른 방향으로 생각할 줄 아는 사고의 유연성을 가지고 서로를 보완해주었지.

왓슨과 크릭은 분자구조를 추론하는 과정에서 다른 사람들의 의견을 얻는 데도 주저하지 않았어. 다른 연구실에 방문해서 자신들의 이론을 검증 받기도 했고, 심지어는 경쟁자인 폴링의 분석 방법을 알아보기 위해 그의 저서들을 찾아보면서 문제 해결의 실마리를 찾고자 물불을 가리지 않았지. 또한 자신들이 틀렸다고 생각하면 그간 쌓아왔던 연구 결과를 엎어버리고 처음부터 다시 시작하는 대담함과 용기도 가지고 있었어.

마지막으로 제시하고 싶은 성공 요인은 바로 상상력이야. 왓슨과 크릭은 정확한 자료가 많지 않은 상황에서 아직 발견되지 않은 자료들을 자신들의 상상력으로 메꾸었고, 그 덕분에 DNA 구조를 규명하여 폴링을 넘을 수 있었어. 특히 크릭의 경우에는 분자구조를 밝혀내는 과정에서 마음속으로 형태를 그려보기도 하고 분자 모양에 따라 어떤 모양의 X선 사진이 나올지 자주 상상했다고 해.

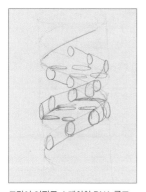
크릭이 연필로 스케치한 DNA 구조

대망의 1953년 4월 25일, 왓슨과 크릭은 〈네이처Nature〉지에 「핵산의 분자구조Molecular Structure of Nucleic Acid」라는 제목의 짧은 논문을 발표했어. 드디어 생명 정보를 담은 DNA의 분자구조가 최초로 밝혀진 것이지. 이 발견은 '20세기 과학에서 가장 위대한 발견'으로 기록되고 있어. 한 달 뒤에는 다른 학자들의 충분한 검증을 마치고 나서 다시 〈네이처〉지에 DNA 구조 발견에 대한 유전적 의미를 상세히 풀어서 설명한 논문을 발표했어.

혹시 왜 '크릭과 왓슨'이 아니라 '왓슨과 크릭'이 되었는지 아니? 왓슨이 크릭보다 12세나 더 어리고 연구에 기여한 바는 비슷한데도 불구하고 논문의 저자에는 왓슨이 크릭보다 이름이 먼저 나와. 왓슨과 크릭이 논문 작성을 마칠 당시 제1 저자를 동전을 던져서 정하기로 했는데 이때 왓슨이 동전의 면을 맞히면서 제1 저자가 되었던 거야.

논문이 발표되고 왓슨과 크릭은 과학계에서 일약 스타로 등극하게 돼. 왓슨은 이후 캘리포니아 과학기술원에서 2년간 선임연구원을 지낸 뒤, 1955년 27세의 어린 나이에 하버드대학교 교수로 임명되고 21년간 연구 활동을 진행했어. 1990년에는 HGP(인간게놈 프로젝트, Human Genome Project)의 책임자로 활동하기도 했어. 이 프로젝트는 왓슨과 크릭이 DNA 구조를 발견한 지 50여 년이 지난 뒤인 2004년에 인간 유전체의 약 30억 쌍의 염기서열을 완전히 해독하면서 종료됐어. 그 결과 인간에게는 30억 쌍의 염기서열 속에 2만 2300여 개의 유전자가 존재한다는 사실이 밝혀졌지.

인간게놈 프로젝트의 로고

크릭은 논문 발표 이후 브루클린 폴리텍 연구소에서 근무하다가 1954년부터 1976년까지 22년간 케임브리지에서 연구원으로 지

솔크 연구소 전경

왓슨(왼쪽)과 크릭

냈어. 1976년부터는 캘리포니아 솔크 연구소(Salk Institute)에서 두 번째로 연구하고 싶었던 신경생물학의 뇌 분야를 새롭게 연구했고, 캘리포니아대학교 샌디에이고(UCSD) 교수를 지내며 평생 학자로서 연구하며 살았어. 최근 크릭이 있던 솔크 연구소에서 2미터에 이르는 DNA가 핵 속에서 염색질의 형태로 무질서하게 쌓여 있는 사진을 촬영했으니, 크릭의 연구는 여전히 현재진행형인지도 몰라.

1957년 미국의 분자 생물학자 메셀슨(Meselson)과 독일의 화학자 슈탈(Stahl)에 의해서 왓슨과 크릭의 모형이 정확하며, DNA 복제 과정에서 두 가닥이 풀려서 반씩 보전된 채로 복제가 일어난다는 사실이 실험을 통해 증명되었어. 결국 왓슨과 크릭의 이론은 완벽한 정설로 자리 잡게 된 것이지. 1962년, DNA의 구조를 밝힌 뒤 9년이 흐르고 왓슨과 크릭, 그리고 데이터를 제공한 윌킨스는 노벨 생리·의학상을 공동 수상하게 돼. 왓슨과 크릭의 DNA 구조의 발견은 분자생물학이라는 새로운 학문의 장을 열었어. 분자생물학은 우리 몸의 핵산과 단백질의 구조로 생명 현상을 연구하는 학문인데, DNA 구조의 발견 뒤 탄생해서 발전했지.

이제 DNA 구조를 규명했으니, 다음으로는 DNA 설계도에 따라 어떤 과정을 거쳐서 우리 몸을 이루는 단백질 분자가 만들어지는지에 관해 알아볼 차례야. 즉 DNA에 따라 어떻게 우리 몸의 형태와 기관들이 만들어지는지 알아보는 거지. DNA에서 당이나 인산 부분은 모든 뉴클레오타이드마다 동일해. 그래서 염기 부분에 서로 다른 유전정보가 담겨 있기 때문에, 염기서열(염기의 순서)을 분석해서 그 과정을 밝힐 수 있었어.

DNA 구조를 밝힌 지 10년이 지난 뒤, 크릭은 생물학자 브레너(Brenner)와 함께 DNA 염기서열들이 3개씩 끊어져 DNA 코드를 만들고 단백질의 기본단위인 아미노산을 생산한다는 사실을 알아냈어. 예를 들어 mRNA가 DNA로부터 'TAC'라는 DNA 코드를 전달받게 되면, mRNA는 이를 'AUG'라는 RNA 코돈(codon, 유전 암호의 기본단위)으로 받아들여 메티오닌이라는 시작 아미노산을 만들게 해. 또 'GAA'와 'GAG'라는 RNA 코돈은 글루탐산이라는 신경전달물질을 만들도록 유도하지. 이렇듯 DNA의 염기서열은 3개씩 끊어서 아미노산을 생산하는 단위인 '코드'의 모음으로 구성되어 있고, mRNA는 이를 '코돈'으로 받아들여. 즉 DNA가 바로 아미노산을 생산하라고 명령하는 것이 아니라 mRNA가 코돈을 가지고 핵에서 빠져나와 리보솜이라는 세포 내 소기관으로 정보를 전달해서 아미노산을 생산하지. tRNA(transfer RNA, 운반 RNA)는 이 정보를 읽어서 아미노산을 전달해주고 rRNA(ribosomal RNA)는 tRNA가 가져오는 설계도대로 아미노산을 조립해 나가. 이렇게 핵 속의 DNA에 적혀 있던 염기의 정보들에 의해 아미노산이 생산되고 단백질로 조립되어 우리의 머리카락, 얼굴 모습, 심지어 성격에까지 이르는 유전적 특징들이 발현되는 거지.

분자생물학은 이젠 인간 DNA의 모든 서열을 밝혀내고 각각의 유전자로 발현되는 단백질을 밝히는 단계에까지 도달했어. 1988년에는 미국 국립보건원이 주체가 되고 왓슨이 선봉장이 되어, 인간의 DNA 하나에 있는 30억 쌍의 모든 염기서열을 분석해서 염기 지도를 완성하는 인간게놈 프로젝트(Human Genome Project)가 시작돼. 미국 외에도 프랑스, 일본, 러시아 등의 나라들이 함께 연구하기 위해 나섰고, 컴퓨터 기술이 급격히 발달함에 따라 염기를 해석하는 시간도 빨라져서 예상보다 연구 시간이 크게 줄었지.

왓슨은 프로젝트를 진행하면서 이로 인해 생길 수 있는 윤리적 문제를 해결하기 위해 고민했어. 그래서 전체 연구비의 3퍼센트를 프로젝트의 결과로 나올 수 있는 윤리적 문제들을 연구하는 데 썼지. 왜냐하면 유전자 지도는 양날의 검과 같아서 올바로 쓰면 유전병 치료 등 인류의 공동선을 위해 쓰이지만, 잘못하면 인간 생명의 조작이나 특정 사람들의 욕심을 채우는 데에만 쓰일 위험이 있기 때문이야.

: 우리 삶에 미친 영향 :

왓슨과 크릭이 DNA의 구조를 발견한 사건은 사람들의 가치관에 큰 변화를 주었어. 그전까지는 생물이 무생물과 다른 무언가가 있다는 '생기론'의 입장이 우세했지만, 사람까지도 분자나 원자 수준에서 해석하고 설명할 수 있게 되었기 때문이야. 이런 철학적 변화는 생명의 많은 부분을 조절하는 결과를 낳았어.

제일 먼저 식물 분야에 적용되어 병충해에 잘 견디는 GMO(genetically modified organism, 유전자 변형) 식물들이 대량으로 생산되기 시작했어. 1982년 유전자 변형 기술이 처음 벼 품종에 적용되어 비타민 A가 풍부한 황금쌀이 생산된 이래로 유전자 변형 기술이 식품 분야에 급속히 확산 적용되었지. 실제로 우리 식탁에도 GMO 식품들이 많이 올라오고 있는데, 2014년도에 나온 통계에 따르면 미국 내에서 생산되는 콩과 옥수수의 90퍼센트 이상이 유전자를 변형한 것이라고 해.

다른 한편으론 DNA가 인간의 삶에 직접적으로 영향을 끼치기도 하고 있어. 1978년 미국의 생화학자 폴 보이어(Paul D. Boyer)가 DNA를 재조합해서 당뇨병 환자들 치료에 필요한 인슐린을 대장균을 통해 대량생산했

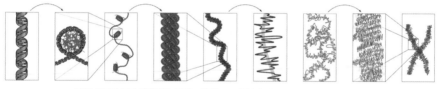

DNA 가닥이 모여 염색체를 이루는 과정(DNA 이중나선→뉴클레오솜→염색사→염색체)

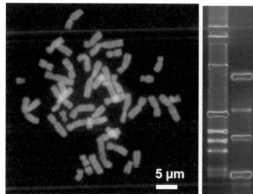

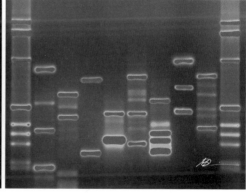

세포분열 중기에 관찰된 염색체　　　　　한 남성의 DNA 분석 사진

고, DNA를 감별해내는 마이크로어레이(microarray) 기술로 유방암과 피부암 세포들을 알아내어 유방암 발병 여부를 진단해낼 수 있게 되었어. 또한 DNA 이상으로 생기는 낫형적혈구빈혈증 등과 같은 많은 유전 질환 치료에 분자생물학적 지식이 적용되고 있지. 이렇게 DNA의 존재가 밝혀진 뒤 실제로 우리 생활에 많은 영향을 미치고 있는 거야.

그 외에 DNA 정보 기술은 범죄 예방에도 큰 역할을 하고 있어. DNA는 우리 몸의 특정한 곳에 모여 있는 것이 아니라 모든 세포마다 담겨 있어. 우리 몸에 있는 60조 개 각각의 세포마다 DNA가 존재하는 것이지. 세포 내에서는 주로 핵 속에 존재하고, 미토콘드리아와 엽록체라는 세포 내 기관에도 존재해. 그러다 세포분열 과정이 시작될 때 핵막이 사라지고 핵 속의 DNA가 응축되어 우리가 관찰하기 쉬운 23쌍의 염색체 형태로 바뀌는 거야. 범죄 수사에서 머리카락 하나 가지고도 유전정보를 알아낼 수 있는 것도 세포마다 존재하는 DNA 덕분이야. 비록 머리카락은 세포가 아니지만, 머리카락 끝에 머리 표피세포가 붙어 있으므로 그 세포 속 DNA 정보를 알아내어 범인을 찾는 데 이용할 수 있지.

: 생각해볼 문제 :

유능했던 여성 과학자 로절린드 프랭클린의 운명

로절린드 프랭클린(Rosalind E. Franklin, 1920년 7월 25일~1958년 4월 16일)이

태어난 1920년대 영국 사회는 격변의 시기를 겪고 있었어. 특히 제1차 세계대전 때 집에서 일터로 내몰린 여성들이 전쟁이 끝난 뒤에도 다시 집으로 돌아가지 않고 남성들에게 속박되지 않는 자유와 권리를 요구했지. 많은 갈등과 진통 끝에, 1928년 영국 여성들은 남성과 동등한 투표권을 획득했어. 이런 사회 분위기 속에서 자란 프랭클린은 과학계에서 여성에 대한 편견을 깨트리며 홀로 싸웠던 여성 과학자라고 할 수 있어.

프랭클린은 케임브리지대학교를 졸업한 뒤, 프랑스 파리에서 당시 새로운 학문으로 떠오르던 X선결정학을 배웠어. 그리고 영국 옥스포드의 킹스칼리지에서 윌킨스와 함께 연구하는 연구원으로 들어올 것을 제안받았지. 그런데 이때부터 프랭클린과 윌킨스의 '잘못된 만남'이 시작된 거야. 프랭클린은 한 명의 조수와 연구할 것을 기대했고, 윌킨스는 프랭클린이 자기 조수로 채용된 것으로 생각했어. 연구팀의 대표였던 존 랜들(John T. Randal)이 중간에서 오해를 할 만한 상황을 만든 까닭에 서로의 갈등은 깊어만 갔고, 두 사람은 계속 싸우다 결국 각각 독립적으로 연구를 진행하기로 하지.

파리에서는 남녀가 평등하게 연구하는 분위기였던 반면, 영국 킹스칼리지에서는 여전히 여성 과학자들에게 보수적이었어. 여성들은 교직원 휴게실에 커피를 마시러 들어가는 것도 허락되지 않았고, 남자 동료들과 함께 같은 식당에서 식사하는 것조차도 허락되지 않아서 학생 식당이나 외부에서 식사할 수밖에 없었지. 이런 분위기에 대한 프랭클린의 불만이 윌킨스와의 관계를 더 악화시켰어. 윌킨스와 프랭클린이 협력적인 분위기에서 좋은 관계를 유지했더라면 이 두 사람이 DNA 분자구조를 발견할 수 있었을지도 몰라.

세계적인 기술력을 가지고 있던 프랭클린은 B형 DNA 사진을 통해 이 중나선에 대한 아이디어를 생각해냈음에도 불구하고, 신중한 성격 때문에 섣불리 결론을 내지 않고 있었어. 그사이 동료이자 싸움의 대상이었던 윌킨스가 함부로 자신의 자료를 왓슨과 크릭에게 보여주었고, 왓슨과 크릭은 그 자료 덕분에 자기들의 DNA 모형을 완성할 수 있었지. 프랭클린의 측면에서 보면 연구 업적을 빼앗긴 것이나 다름없었어.

프랭클린은 킹스칼리지와의 3년 연구 계약이 끝나자 모든 자료를 두고 연구소를 떠났어. 그리고 얼마 지나지 않아 X선에 너무 많이 노출되었던

로절린드 프랭클린

까닭인지, 1958년 4월 16일 38세의 젊은 나이에 난소암으로 세상을 떠나고 말았어. 그로부터 4년 뒤인 1962년에 왓슨과 크릭, 그리고 윌킨스는 노벨 생리·의학상을 받지. 노벨상은 살아 있는 학자에게만 수여하기 때문에 고인이 된 프랭클린은 받을 수가 없었어. 만약 그녀가 살아 있었다면 공로를 인정받고 노벨상을 받을 수 있었을까?

창의적인 생각

번뜩이는 창의적인 생각은 언제 나오는 것일까? 카이스트 정재승 교수는 시간적, 공간적 여유가 있을 때 창의력이 만들어진다고 보았어.

먼저 시간적인 여유에 대해 알아보기 위해 창의적인 사고를 할 때 활성화되는 뇌 부위를 조사해볼 필요가 있어. 노스웨스턴대학교의 존 쿠니오스(John Kounios) 박사는 우리의 뇌가 창의적인 생각을 할 때를 '유레카 모

먼트(Eureka Moment)'라고 정의하고, 아래 사진과 같이 우뇌의 관자놀이 부분의 활동이 활발해진다는 사실을 밝혀냈어. 그런데 이 부위는 멍하니 있거나 산책을 할 때, 혹은 잠이 안 와서 잡생각이 떠오를 때 반응하는 것으로 알려져 있던 부위였어. 이 결과로 볼 때 창의적인 생각은 급박하게 무엇을 하거나 스트레스를 받을 때는 나오지 않고, 시간적 여유가 있어서 마음이 평화로울 때 불현듯 나오는 것임을 알 수 있어.

아르키메데스의 유레카, 뉴턴의 사과, 로버트 루이스 스티븐슨의 지킬 박사와 하이드, 케쿨레의 벤젠고리 등 역사는 천천히 생각하는 사람들에게 빛나는 영감을 준 이야기들로 가득하다. 한가하고 느린, 그래서 하찮은 사람들로 받아들여졌던 사람들이 열심히 일한 사람들보다 위대한 아이디어와 발명, 명작들을 더 많이 탄생시켰을지도 모른다.

팀 페리스의 『타이탄의 도구들』 중

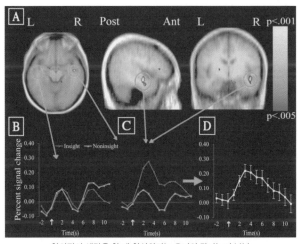

창의적인 생각을 할 때 활성화되는 우뇌의 관자놀이 부분

다음으로 공간적인 여유에 대한 것이야. 혹시 앞에서 왓슨이 마지막으로 연구했던 곳인 캘리포니아의 솔크 연구소를 기억하니? 이곳은 조너스 솔크(Jonas Salk)라는 학자가 세운 연구소야. 솔크 박사는 백신 연구에 골머리를 앓던 중 아이디어가 떠오르지 않자 이탈리아 아시시의 수도원으로 들어갔는데, 이곳에 머물면서 생각을 정리하던 중 해결책이 떠올랐대. 박사는 아시시의 수도원에서 창의적인 생각이 나올 수 있었던 요인 가운데 하나를 천장 높이라고 생각해서 솔크 연구소도 천장을 높게 지었어. 그리고 머지않아 그 연구소에서는 12명의 노벨상 수상자가 쏟아져 나왔지. 동서양의 많은 철학자들은 산책을 즐겼고, 아인슈타인의 상대성 이론도 연구소 근처의 길을 걷다가 나왔다는 이야기가 있는데, 어쩌면 산책을 할 때 번뜩이는 생각이 나오는 것은 머리 위에 커다란 공간적 여유가 있기 때문인지도 모르겠다.

공간적 여유의 효과를 확인할 수 있는 또 다른 장소로 MIT(매사추세츠 공과대학교)의 '빌딩 20'이라는 건물을 들 수 있어. 이 건물은 제2차 세계대전 당시 급조된, 제대로 된 칸막이 벽도 없는 건물이었어. 그런데 5년만 운영하려고 만들었던 이 건물에서 놀라운 일이 일어났어. 여러 분야에서 별의별 연구와 실험이 이뤄지면서 다양하고 혁신적인 연구 결과들과 노벨상 수상자들이 쏟아져 나와 현재 세계 최고의 공대인 MIT를 만든 거야. 무질서한 건물 공간에서 서로 다른 분야의 학문을 쉽게 접하게 되고 생각의 벽도 깨뜨리면서 창의성이 발휘되었던 것이지. 빌딩 20은 이후 학문 간의 벽을 허물고 연구할 수 있는 '미디어랩 연구소'로 재탄생해 지금도 수많은 혁신적 아이디어를 세상에 선보이고 있어.

왓슨과 크릭의 경우를 보면 이런 시간적, 공간적 여유에 덧붙여 마음의 여유가 있을 때 창의적인 생각이 떠오를 수 있다고 생각해. 혹시 세계적인 애니메이션 기업인 픽사의 '브레인트러스트(Braintrust)'라는 회의 방식을 알고 있니? 동등한 입장에서 서로의 성공을 바라며 솔직한 피드백을 해주는 방식이지.

'브레인스토밍'과 비슷해 보이는 방식이지만 브레인스토밍은 비판이나 피드백을 해주지 않는 데 반해서 브레인트러스트는 의견을 덧붙이는 방식으로 비판하는 것을 허용해줘. 즉 일방적으로 보고하고 듣는 방식이 아닌, 주어진 한 아이디어에 창의적 아이디어를 더해주는 방법으로 작용하는 거야. 그리고 피드백은 아이디어를 낸 사람을 비난하는

아시시의 프란치스코 대성당 내부

MIT의 '빌딩 20'

것이 아닌 '좋은 작품 만들기'라는 하나의 목표를 이루기 위해서 제시하는 거지.

픽사는 이 회의 방식으로 처음의 아이디어와 스토리는 별로였지만 발전에 발전을 거듭한 끝에 대중에게 사랑받는 많은 작품을 만들어냈어. 왓

슨과 크릭도 이 당시에는 픽사와 마찬가지로 좋은 팀워크가 발휘되는 회의를 했던 것 같아. 서로의 아이디어에 대해서 가감 없이 솔직한 피드백을 해주었기 때문에 위대한 과학적 발견을 할 수 있었던 거지.

통계에 따르면 능력도 있으면서 사회성이 뛰어난 지덕체를 갖춘 사람이 나올 확률은 1퍼센트밖에 안 된대. 왜냐하면 사회성을 담당하는 뇌 부분과 지적 능력을 담당하는 뇌 부분은 서로를 억제하는 경향이 있기 때문이라는 거야. 이런 관점에서 보면 지능이 뛰어난 연구자들이 다른 연구자와 마음의 여유를 갖고 팀워크를 발휘할 수 있는 확률은 지극히 낮은 셈이지. 그런 측면에서 윌킨스와 프랭클린의 어긋난 팀워크도 이해는 할 수 있어. 반면에 지적 능력이 뛰어난 사람들이 만나서 서로를 보완해주는 팀워크를 발휘한다면 다른 누구도 하지 못했던 결과를 도출해낼 수 있는 거야. 유전 공학자인 왓슨과 물리학자인 크릭이 환상적인 팀워크로 DNA 구조 규명이라는 대업적을 발휘했듯이 말이지.

우리 교육도 단지 지식을 전달하는 것이 아닌, 문제 상황에서 팀워크를 잘 발휘할 수 있는 파트너를 구하고 모자라는 부분은 서로 채워주는 연습을 하는 교육으로 방향을 잡아야 하지 않을까? 그렇게 된다면 왓슨과 크릭과 같은 과학자들이 많이 나오게 될지도 몰라.

유전자 조작 동물 - 「옥자」

인간게놈 프로젝트에서 왓슨이 윤리적 문제를 우려했던 것처럼, DNA 연구가 초래할 부정적인 결과에 대해서 생각해보지 않을 수 없어. 2017년 개봉한 봉준호 감독의 「옥자」에서도 무분별한 유전자 조작의 심각성에 대해 지적하고 있지. 이 영화에 나오는 '옥자'는 유전자 조작 돼지의 이

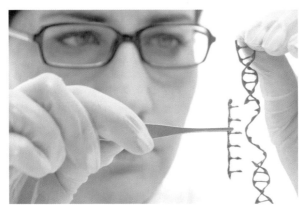

유럽의 ATOS라는 회사는 70유로(약 9만 원)에 DNA 검사를 해준다.

름이야. 영화에서 친환경 목축 회사로 알려져 있던 '미란도'라는 회사는 사실 최상의 육질 맛이 나도록 유전자가 조작된 돼지를 대량생산하고 있었고, 이 돼지들은 인간에게 고기를 제공하기 위해서만 존재했지.

영화에서처럼 인간은 우수한 유전자를 가지는 동물들의 유전자를 추출하고 생명을 탄생시킬 수 있는 신의 영역에 손을 대고 있어. 그런데 이 기술을 사람에게 적용하면 어떻게 될까? 단지 유전 질병 치료라는 밝은 면만 보기에는 그 이면의 어두운 점이 너무나 커. 유전자 조작 인간이 나오고, 이렇게 만들어진 인간이 도구화되는 미래가 찾아온다면 우리는 어떻게 대처해야 할까?

왓슨과 크릭의 결정적 시선

★ 성실성

1차 모형이 실패로 돌아간 후 브래그 연구소장의 명령에 따라 공식적으로 왓슨과 크릭의 DNA 연구가 금지당해. 어쩔 수 없이 두 사람은 자기들이 원래 하던 연구로 돌아갈 수밖에 없었지. 하지만 왓슨과 크릭은 DNA에 대한 미련을 버리지 않고 비공식적으로 시간을 내어 공부하고 토론을 이어갔어. 나중에는 연구실 사람들이 비공식적으로 두 사람을 위해 마음껏 떠들 수 있는 연구실을 하나 마련해줄 정도였지. 자신에게 주어진 연구만으로도 바쁘고 힘들었을 텐데 일상생활의 피곤함도 이겨낼 만큼 두 과학자의 DNA에 대한 열정은 대단했어.

★ 적극적으로 경청하려는 자세

왓슨과 크릭은 분자구조를 추론하는 과정에서 다른 사람들의 의견을 얻는 데도 주저하지 않았어. 다른 연구실에 방문해서 자신들의 이론을 검증 받기도 했고, 심지어는 경쟁자인 폴링의 분석 방법을 알아보기 위해 그의 저서들을 찾아보면서 문제 해결의 실마리를 찾고자 물불을 가리지 않았지.

✦ 자기 연구에 대한 확신

왓슨은 돌아오는 기차 안에서 51번 사진에 대한 생각을 정리하고 이를 크릭과 브래그 연구소장에게 전했어. 브래그 연구소장은 왓슨의 열정과 확신에 마음이 움직였어. 결국 왓슨과 크릭은 캐번디시 연구소에서 DNA 연구에 전념하도록 공식적으로 허락을 받고 그들만의 연구실을 배정받을 수 있었어.

> 기회는 준비된 자에게 찾아온다.
>
> 크릭의 자서전 『열광의 탐구』 중

✦ 행운

> 우리가 연구 경력이 미흡했음에도 불구하고 좋은 과제를 선택하고 또 그것에 몰두했다는 데 성공 요인이 있다. 혹자가 말하는 것처럼 우리가 어슬렁어슬렁 돌아다니다가 우연히 금을 발견했다는 것도 사실이다. 그러나 금을 찾고 있었다는 것이 중요한 것이다.
>
> 크릭의 자서전 『열광의 탐구』 중

✦ 사고의 유연성

왓슨과 크릭은 폴링보다 DNA 연구에 뒤늦게 뛰어들었지만, 그 경쟁에서 이기기 위해 시간과 장소를 가리지 않고 논의하고 서로의 생각을 주고받았어. 토론 과정에서 그들은 자신들의 아이디어를 거침없이 이야기하고 냉철하게 검토하는 분위기에서 기존의 정형화된 아이디어에서 벗어나 다른 방향으로 생각할 줄 아는 사고의 유연성을 가지고 서로를 보완해주었지.

★ 팀워크

왓슨과 크릭도 이 당시에는 픽사와 마찬가지로 좋은 팀워크가 발휘되는 회의를 했던 것 같아. 서로의 아이디어에 대해서 가감 없이 솔직한 피드백을 해주었기 때문에 위대한 과학적 발견을 할 수 있었던 거지.

★ 학문 간의 융합

이 둘은 처음부터 말이 잘 통했어. 둘 다 DNA가 단백질보다 더 중요한 유전물질일 것이라는 생각을 하고 있었고, 유전자가 무엇으로 이루어져 있는지 궁금해했지. 이 공통된 생각과 관심사가 전공이나 출신이 다른 유전학자 왓슨과 물리학자 크릭을 하나로 만들어 DNA 분자구조를 밝히는 연구에 매진하도록 하는 원동력이 되었어.

★ 용기와 대담함

자신들이 틀렸다고 생각하면 그간 쌓아왔던 연구 결과를 엎어버리고 처음부터 다시 시작하는 대담함과 용기도 가지고 있었어.

★ 창조적 사고

왓슨은 머리를 식히기 위해 테니스를 치거나 영화를 보며 초조함을 가라앉히고 아이디어가 떠오르길 기다리고 있었어. 그러다 '염기들을 안쪽으로 조립해보는 건 어떨까?'라는 생각이 불현듯 떠올랐어. 염기의 위치가 바뀌어 또다시 처음부터 분자들 사이의 힘과 거리를 계산하며 배열을 해야 한다는 괴로움이 있었지만, 용기를 내서 다시 염기가 안쪽에 들어가는 이중나선 구조를 조립하기 시작했지. 창조적 사고는 그

것만 열심히 바라보고 매진할 때 나오기도 하지만, 때론 한 발자국 떨어져서 바라볼 때 불쑥 떠오르기도 하는 것 같아.

★ 상상력

왓슨과 크릭은 정확한 자료가 많지 않은 상황에서 아직 발견되지 않은 자료들을 자신들의 상상력으로 메꾸었고, 그 덕분에 DNA 구조를 규명하여 폴링을 넘을 수 있었어. 특히 크릭의 경우에는 분자구조를 밝혀내는 과정에서 마음속으로 형태를 그려보기도 하고 분자 모양에 따라 어떤 모양의 X선 사진이 나올지 자주 상상했다고 해.

6.

긍정의 뇌
질 볼트 테일러

Jill Bolte Taylor
1959년 5월 4일 ~ 현재

◆ 테일러의 뇌 구조

정신분열증 오빠는 왜 다르게 생각할까?

언어의 뇌
이성의 뇌
좌뇌

조화

공감의 뇌
감정의 뇌
우뇌

뇌의 세계

TED 강연

뇌졸중이 찾아온 아침

자의식 상실,
성격의 상실,
자의식 감정의 부족,
기억 복구의 어려움

뇌를 기증합시다
NAMI

My Stroke
of Insight
저술

우뇌로
세상과 연결된
행복감

vs.

과연 나는
완치될 수 있을까?
두렵다

뇌 수술 성공

8년에 걸친
재활 치료

뇌 질환 환자들에게
편안한 환경을
제공할 순 없을까?

첨단장비의 발명

지금은 바야흐로 '뇌의 시대'라고 할 수 있어. 신경과학(뇌를 포함한 신경계를 연구하는 학문)이 발달하긴 했지만 우리는 뇌에 대해서 아직도 모르는 부분이 너무 많아. '뇌'는 동물 신경계의 중심체로서 신경세포를 통해 명령을 내리는 기관이야. 우리 몸은 60조 개의 세포로 이루어져 있는데 그중에서 300억 개 정도의 신경세포들이 뇌와 척수에서 몸의 정보들을 주고받으며 우리 몸에 명령을 내리고 있지.

요즘 뇌에 대한 연구는 그 어느 때보다 활발히 진행되고 있어. 이렇게 뇌에 대한 연구가 활성화될 수 있었던 것은 다른 분야의 학문이 같이 발전했기 때문에 가능한 일이야. 예를 들면 현미경이 발명되면서 뇌의 기초 세포인 뉴런과 뇌의 기본단위에 대해서 더 알 수 있었고, 양전자에 대한 연구를 바탕으로 fMRI(기능적 자기 공명 영상)나 PET 장치를 발명해서 해상도가 좋은 뇌 사진을 얻어 보다 깊은 연구가 가능하게 되었어.

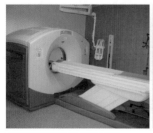
양전자 방출 단층 촬영(PET) 장치

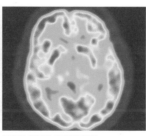
PET를 이용하여 촬영한 뇌

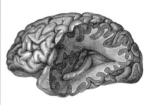
뇌의 주름

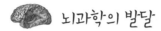 뇌과학의 발달

이집트와 그리스 시대 사람들은 심장을 우리 의식의 중추로 보았어. 심장이 모든 것을 생각하고 명령하는 기능을 가지고 있다고 생각한 거지. 하지만 로마시대부터는 뇌를 의식의 중추로 생각하기 시작했어. 1880년 대부터 현미경이 급속히 보급되면서 세포들을 직접 관찰할 수 있게 되었고 1890년대에는 카밀로 골지(Camillo Golgi)가 은으로 뇌를 염색하는 방법을 개발했어. 현대 뇌 과학의 아버지 산티아고 라몬 이 카할(Santiago Ramoón y Cajal)은 이 염색법을 통해 뇌의 뉴런을 관찰했지.

뉴런(neuron)이란 신경세포라고도 불리며 신경계를 이루는 기본단위야. 감각기관에서 받아들인 정보는 전기적 신호를 통해 뉴런 안에서 전달되고, 뉴런과 뉴런 사이의 틈에서는 신경전달물질을 통해 신호를 전달하지. 컴퓨터의 키보드를 두드리며 글을 쓰는 과정도 이런 방법으로 전기적 신호를 통해서 명령을 내리는 거야.

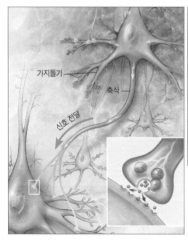

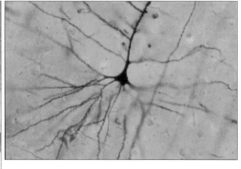

⁝ 카밀로 골지가 염색한 뉴런
⋯ 뉴런의 전기적, 화학적 신호 전달

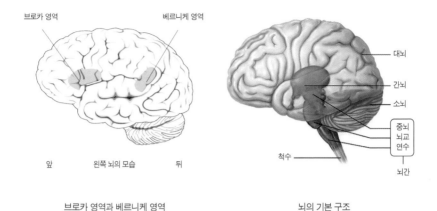

브로카 영역과 베르니케 영역

뇌의 기본 구조

뉴런에 대해서 알게 된 뒤에는 뇌의 각 부위에서 어떤 기능을 하고 있는지에 대한 연구가 진행되었어. 1861년 프랑스의 외과 의사이자 신경학자였던 폴 피에르 브로카(Paul Pierre Broca)는 뇌 손상을 입은 환자들을 연구하여 뇌의 특정한 영역에 손상을 입으면 그 부위가 담당하고 있는 말하기 기능이 손상된다는 것을 알았어. 또 독일의 신경정신과 의사 카를 베르니케(Carl Wernicke)는 언어 이해를 담당하는 뇌의 특정 부위가 있다고 주장했지. 두 명이 발견했던 좌뇌의 부위들은 이들의 이름을 따서 브로카 영역과 베르니케 영역으로 불리고 있어.

1909년, 독일의 해부학자 코르비니안 브로드만(Korbinian Brodmann)은 「대뇌피질 정위Brodmann's Localization in the Cerebral Cortex」라는 논문을 발표해. 브로드만은 니슬 염색법(Nissl stain)이라는 세포조직 염색법으로 뇌세포를 염색해서 그 구조를 관찰했고, 세포 구조의 차이에 따라 대뇌피질의 영역을 구분했지. 일반적으로 뇌는 크게 대뇌(대뇌피질, 뇌량, 기저핵, 변연계), 간뇌, 소뇌, 뇌간(중뇌, 뇌교, 연수)으로 구분해. 인간은 다른 동물에 비

코르비니안 브로드만

해 특히 대뇌가 발달했는데 브로드만이 기능을 밝힌 부위는 대뇌의 겉에 있는 대뇌피질이야. 그는 대뇌피질을 50여 개의 영역으로 나누어 번호를 붙이고 뇌 영역과 인간의 기능을 연결했지.

대표적인 브로드만 영역들을 몇 가지 살펴보면 1, 2, 3 영역은 감각신경과 연결되어 있고 4, 6 영역은 운동신경과 연결되어 있어. 17, 18, 19 영역은 시각과 관련된 영역이야. 22 영역과 39, 40 일부 영역은 언어 이해를 담당하는 베르니케 영역이고 44, 45 영역은 실제로 혀와 목을 움직여 말을 할 수 있도록 해주는 브로카 영역이지.

참고로 위키피디아에서 검색해보면 브로드만의 뇌 지도가 상세히 나오는데 혹시 아픈 부위가 있다면 왼쪽 머리를 한번 만져보면서 그 부위에 어떤 기능을 담당하는 대뇌피질 부위가 이상이 있는지 알아보는 것도 재미있지 않을까?

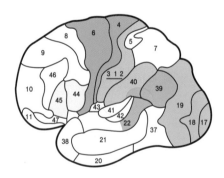

대표적인 브로드만 영역(좌뇌)

뇌졸중 발병 전

질 볼트 테일러는 미국 켄터키주에서 태어
난 신경 해부학자야. 오빠가 뇌 장애로 인한
정신분열증을 앓고 있었기 때문에 테일러는
어려서부터 뇌에 관심이 많았어. 정신분열증
은 유전적, 환경적 요인에 의해서 환각이나
환청 등을 지속해서 경험하는 병이야. 테일
러는 오빠와 함께 지내면서, 오빠가 왜 똑같
은 상황에서 자기와 전혀 다르게 반응하는지
항상 궁금해했지.

정신분열증 환자가 그린 그림

테일러는 인디애나주립대학교에서 생리심리학과 인체생물학을 배우
면서 신경과학에 대한 기초를 공부했어. 같은 학교의 생명과학부에서 박
사과정 6년을 보내는 동안에는 신경해부학을 전공했지. 1991년 박사과
정을 마친 뒤에는 하버드 의과대학 신경과학부의 연구원으로 있으면서
정신분열증 환자들의 활동을 관찰하고 연구했어. 동시에 정신분열증의
권위자인 베네스 교수가 있는 맥린 병원의 구조신경과학 연구소에서 실
제 해부를 하면서 정신분열증 환자에 대한 연구를 이어갔어.

그런데 뇌 연구에는 여러 가지 어려움이 있었어. 정신분열증을 제대로
연구하려면 정신질환을 앓고 있는 환자의 뇌가 미국 내에서만 1년에 100

개가 필요한데, 실제로 기증 받는 뇌는 3개밖에 되지 않았던 거야. 테일러는 이 문제를 해결하기 위해 정신질환으로 고통받는 환자와 가족의 모임인 'NAMI(National Alliance of Mental Illness)에서' 기타를 치고 노래를 하면서 뇌 기증을 독려하며 다녔어. 음악을 통해 뇌 기증에 대한 두려움을 풀어서 환자와 가족이 용기를 내어 뇌를 기증하는 데 마음을 열도록 노력했지. 그 결과, 100개에는 못 미치지만 연간 35개의 정신질환 환자의 뇌를 꾸준히 기증받을 수 있게 되었어.

 ## 뇌졸중이 발병한 당일

그렇게 평상시와 다름없이 연구와 기증 활동 세미나를 하며 생활하던 1996년 12월 10일 아침, 테일러는 마치 왼쪽 눈 뒤쪽을 날카로운 것으로 찌르는 듯한 고통을 느끼며 잠에서 깨어났어. 테일러의 좌뇌 혈관이 터진 거였어. 운동을 하면 나을 것 같다는 생각에 러닝머신을 달려봤지만 소용이 없었지. 테일러는 곧 의식과 몸이 분리된 듯한 기분이 드는 '세타빌(Thetaville)' 상태에 들어갔어. 이때 그녀는 몸이 피부의 얇은 막으로 덮인 액체로 되어 있으며 마치 바다에 떠 있는 듯한 기분이 들었대. 브로드만 영역 40번쯤에는 우리 몸의 경계와 공간, 시간에 대한 감각을 담당하는 뇌 부위가 있는데 출혈이 시작된 뒤 이 부분이 피에 눌려서 신체 경계가 사라진 듯한 느낌이 들었던 거지.

테일러는 세포 하나하나가 움직이는 것이 느껴지고 자기 자신에게 완전히 집중이 되면서 천국에 온 것 같은 환각 상태를 경험했어. 그러던 중

오른팔에 마비가 왔고 자신이 뇌졸중에 걸렸다는 사실을 알게 되었지. 신경이 우리 뇌의 연수라는 부위에서 좌우가 교차하기 때문에 왼쪽 뇌 부위가 피에 눌리게 되면 오른쪽 몸을 움직일 수 없게 되거든.

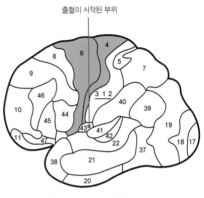

출혈이 시작된 부위

피에 눌려 이상이 생긴 것으로
추정되는 좌뇌 부위

뇌졸중이 일어난 대부분의 사람들이 우뇌보다는 좌뇌의 혈관이 터질 확률이 4배 더 높은데, 테일러도 좌뇌의 43번 영역부터 출혈이 생겨 일부가 피에 눌리면서 기능에 이상이 생겼어. 오른팔에 마비가 온 경우, 브로드만 영역 그림을 통해 살펴보면 운동 능력을 담당하는 4, 6번 영역이 눌린 것으로 추리해볼 수 있지.

터진 혈관은 점점 더 많은 피를 쏟아냈고 그 바람에 다른 뇌 부위까지 영향을 주게 되었어. 46번 영역을 비롯한 전두엽 부위가 손상되어 어떤 일에 제대로 집중할 수가 없었지. 빨리 병원에 가야 하는데 그 일을 실행하려는 생각들이 잊혔다 다시 생각났다를 되풀이하고 있는 상태였어. 테일러의 뇌에서는 다음과 같은 생각이 계속 반복됐대.

내가 뭘 하고 있지?
도움을 청해야지.
계획을 세우고 도움을 청해야지.
…
내가 뭘 하고 있지?

도움을 청해야지.

도움을 청할 계획을 세우자.

….

내가 뭘 하고 있지?'

테일러의『긍정의 뇌』중

좌뇌가 제 기능을 하지 못해 집중해서 순서를 정하고 일을 처리하기 힘들었고, 그 때문에 도움을 요청하지도 못했으니 많이 답답했을 거야. 그런데 테일러는 이 상황에서 오히려 자유를 느꼈대. 좌뇌는 이성적인 활동을 담당하는 뇌로, 깨어 있는 동안 우뇌를 억제하는데 이 좌뇌가 고장 나는 바람에 평온, 행복, 안락 등의 우뇌 감정이 좌뇌의 통제를 받지 않고 나오게 되었기 때문에 평소보다 더 큰 자유를 느꼈던 거야.

하지만 때때로 돌아오는 좌뇌의 기능을 통해 전화기가 있는 서재로 도움을 청하러 간신히 갈 수 있었어. 서재에서도 한참 동안 전화기 앞에 앉아서 '내가 여기 왜 앉아 있지?'라는 생각과 '도움을 청하려면 전화를 해야 해'라는 생각 사이에서 왔다 갔다 했어. 정신분열증 환자처럼 두 생각 사이를 오가면서 마치 두 명의 테일러가 있는 것처럼 느꼈을 거야. 어쩌면 정신분열증이라는 병은 이성적인 좌뇌의 '나'와 감성적인 우뇌의 '나'가 극명하게 갈라져 서로 조화를 이루지 못하는 상황에서 일어나는 병인지도 몰라. 정상적인 뇌에서는 양쪽 뇌의 서로 다른 기능이 조화를 이루어 외부의 상황에 대응하지만, 뇌졸중이 나타난 테일러의 뇌에서는 이 두 뇌의 기능이 균형을 잃었던 거지.

이런 상태에서 테일러가 어딘가에 도움을 요청하기 위해 전화하기란 여간 힘든 일이 아니었어. 자기가 어디에서 근무하는지, 무슨 일을 하는 사람인지조차도 기억하기 힘들었지. 그러다 불현듯 자기 명함에 근무지 전화번호가 있다는 사실을 떠올리고 명함 뭉치 중에서 간신히 하버드 뇌 조직자원센터의 번호를 찾을 수 있었어. 오락가락하는 정신을 붙잡고 명함의 숫자와 전화기의 숫자를 그림 맞추기를 하듯 비교해가며 버튼을 눌렀지. 하지만 어디까지 눌렀는지 중간에 계속 잊어버려서, 왼손으로는 이미 누른 숫자를 가려가며 힘겹게 전화를 걸 수 있었어. 이렇게 전화를 거는 데는 무려 3시간이나 걸렸대. 평소라면 3초도 걸리지 않는 일을 3시간이 걸려서 하다니 똑똑한 뇌 과학자였던 자신에게 자괴감이 들었을 수도 있을 거야.

전화를 받은 사람은 테일러의 동료인 스티브 빈센트였어. 하지만 수화기 너머로 들려오는 말소리를 도무지 알아들을 수가 없었지. 베르니케 영역에까지 피가 차서 말을 알아듣는 기능에 이상이 생긴 거야. 이 영역에 문제가 생기면 사람의 말을 해석하지 못하고 마치 쥐가 이야기하는 것 같은 느낌이 든대.

빨리 도움을 청해야겠다고 생각한 테일러는 수화기에 대고 크게 소리쳤어. "나 질 볼트 테일러야. 도와줘!!" 하지만 아무리 노력해서 말하려 해도 으르렁거리는 소리밖에 나오지 않았어. 실제로 말을 할 수 있도록 혀와 입을 움직이는 능력을 담당하는 브로카 영역도 손상돼버려 말을 제대로 할 수도 없고 으르렁대기만 했던 거야. 테일러는 자기가 말을 하지도, 알아듣지도 못한다는 사실에 충격을 받았어. 다행히 스티브는 테일러의 목소리임을 알아챘어. 테일러는 스티브의 말을 알아듣진 못했지만 그의 목소리 톤이 부드러웠으므로 도와주려 한다는 것을 눈치챌 수 있었지.

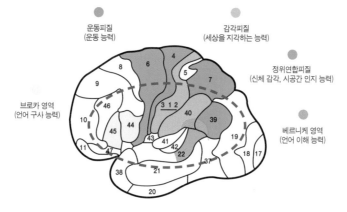

운동피질
(운동 능력)

감각피질
(세상을 지각하는 능력)

정위연합피질
(신체 감각, 시공간 인지 능력)

브로카 영역
(언어 구사 능력)

베르니케 영역
(언어 이해 능력)

출혈 이상이 생긴 뇌 부위들(붉은 점선으로 처리된 타원형 부분)

이제 스티브가 구하러 올 때까지 기다리면 되겠다 싶었지만, 자신의 주치의가 아닌 다른 의사에게 가서 잘못된 처치를 받을까 걱정이 밀려왔어. 테일러는 가운데에 하버드 문양이 새겨진 주치의 명함을 찾기 시작했어. 마음속으로는 문양의 이미지를 떠올릴 수 있었지만 실제로 명함을 보면서 배경, 색깔, 모서리 등을 구별할 수는 없었어. 시각을 담당하는 뇌 부위마저 피에 눌려 제대로 작동하지 못하기 때문이었을 거야. 하지만 때때로 돌아오는 의식을 붙잡고 집중한 끝에 마침내 주치의의 명함을 찾아낼 수 있었어.

이번엔 주치의에게 전화를 해야 되는데 그때 테일러가 한 생각은 뭐였을까? 손에 쥔 명함을 보면서 '이걸로 뭘 하려고 했더라'였어. 테일러는 간신히 35분 만에 주치의에게 전화를 걸었고 접수처 사람이 받았지. 그런데 이번에는 아무 소리도 낼 수가 없었어. 앞선 통화에서는 스티브에게 으르렁거리기라도 했는데 이번에는 성대가 아예 작동하지를 못하는 거야. 테일러는 성대를 자극하기 위해 공기를 들이마셨다 내뱉다 하기를 반복하면서 간신히 "으흐흐흐, 크흐으으"라는 이상한 소리를 냈고, 다행히 낌새를 알아챈 접수처 사람이 주치의에게 전화를 돌려주었지. 주치의에게 자신이 질 볼트 테일러이고 뇌졸중에 걸렸다고 말했지만 엉망으로 발음이 되었어. 주치의도 테일러인 것을 알아차리고 대답했지만 테일러가 알아들을 수는 없었어. 나중에 병이 완쾌되고 나서야 주치의가 "마운트 오번 병원으로 오세요"라고 말했다는 것을 알게 됐지.

전화를 끊고 기진맥진해진 테일러는 소파에 누워 누군가가 도우러 와주길 기다렸어. 점점 손가락과 발가락 끝이 무감각해지고 이성적 판단이 불가능해졌지. 오른쪽 뇌의 평화로운 상태에 매료되었다가도 다른 한편으로는 평생 장애인이나 식물인간이 될 것 같은 두려움에 떨며 울고 기도했어. 그렇게 눈물을 흘리며 영원 같은 시간을 가만히 앉아서 기다렸지. 스티브가 문을 열고 들어왔을 때 테일러는 손에 쥐고 있던 주치의 명함을 건넸고, 스티브는 즉시 테일러를 자신의 차에 태워 마운트 오번 병원으로 향했어.

 ## 병원에 이송되다

테일러는 병원에서 CT 촬영을 하고 재빨리 더 큰 종합병원으로 이송되었어. 낮 12시, 뇌졸중이 발병한 지 5시간이 지날 무렵 매사추세츠 종합병원 응급실에 도착했지. 뇌를 다친 상태에서 도착한 테일러에게 의료진들은 너무 강한 자극을 많이 또 빨리 주었어. 아픈 상태에서 여기저기 수술을 위한 서명을 해야 했고, 강한 불빛과 큰 소리 때문에 정신을 차릴 수 없었지. 테일러는 상처 입은 동물을 대하듯 자신을 다루는 사람들 틈에서 괴로워하다 의식을 잃었어.

오후가 되어 다시 깨어난 테일러는 몸의 위치를 바꾸는 데도 힘이 많이 들었고, 머리도 아직 바늘로 쑤시듯이 고통스러웠어. 하지만 좌뇌가 주는 이성적인 스트레스가 없어져서 오히려 모든 사물과 연결되는 듯한 행복한 기분을 동시에 느꼈지. 테일러는 좌뇌에 문제가 생긴 뒤 이때까지의 질 볼트 테일러가 아닌 우뇌의 질 볼트 테일러로 새롭게 태어난 느낌이 들었다고 책에서 표현했어. 무언가에 항상 쫓기듯이 살아야만 했던 좌뇌의 테일러에서 지금 이 순간 모든 속박에서 벗어난 우뇌의 테일러로 다시 태어났다는 거지.

또 테일러는 좌뇌에서 시간을 관장하는 부위인 브로드만 영역 7번에 이상이 생긴 까닭에 시간 감각이 뒤틀어져 있었어. 혹시 사람이 죽을 때가 되면 지난 일이 주마등처럼 스쳐 지나가며 모든 게 느리게 느껴진다는 얘기 들어봤니? 이를 '시간 완만 현상'이라고 하는데(반대로 빨라지는 현상은 '시간 신속 현상'이라고 한다) 아마도 이 부위를 담당한 뇌의 기능에 이상이 생

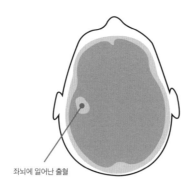

좌뇌에 일어난 출혈

뇌졸중이 일어난 날 아침에 찍은 뇌 CT 영상

겨 일어나는 현상일 가능성이 높아. 테일러도 시간을 다르게 인식하는 증상을 겪으면서 다른 사람들의 말을 전혀 이해하지 못했어. 하지만 자신의 감각을 느끼는 기능은 잘 작동하고 있었기 때문에 수술 이후 다시 뇌 기능을 회복했을 때 기억에 담아두었던 느낌을 글로 쓸 수 있었지.

테일러는 의사소통이 안 되는 상태에서 신경집중치료실로 옮겨졌어. 그곳에서 치료받으면서 말은 알아듣지 못했지만 마치 신생아가 다른 사람의 감정을 이해하듯 타인의 의도를 이해할 수 있었지. 어떤 간호사는 테일러가 열이 있는지, 물이 필요한지, 고통스러운지 여부를 세심하게 살피면서 그녀에게 에너지를 주었어. 반면 어떤 간호사는 테일러가 먹고 싶거나 조용히 있고 싶은 욕구를 무시하면서 불안감을 주어 에너지를 뺏기는 느낌이 들었대.

병원에서 깨어난 테일러에게 의사가 처음 건넸던 질문은 "미국 대통령이 누구입니까?"였어. 이것은 테일러가 엄청난 노력을 기울여야 하는 질문이었어. 먼저 누군가가 질문을 하고 있다는 사실을 알아야 했고, 그다음에는 그 사람의 입술과 소리에 집중해야 했지. 마치 소음이 많이 섞인 휴대폰으로 통화하는 느낌이었대. 소리를 알아내고 단어와 연결하는 과정만 해도 몇 시간이 걸리는 힘든 작업이었다고 해. 단어를 이해한 뒤에는 '미국이 뭐지?', '대통령이 뭐지?'라는 생각이 들었는데 결국 미국 대통령의 이름을 말하지 못하고 대답하기를 포기하고 말았지.

둘째 날이 지날 무렵에는 혼자서 몸을 뒤집을 수 있었고, 부축 받아 가장자리에 앉을 수도 있었어. 마치 신생아가 개월 수가 차면서 뒤집기를 할 수 있는 것처럼 테일러도 시간이 지남에 따라 신경을 조금씩 회복하기 시작했어. 스티브가 찾아와 어머니가 내일 오신다는 사실을 전해주었을 때는 '어머니'라는 단어 뜻을 이해하기 위해 모든 지력을 동원해야 했어. 그리고 마침내 잠들기 직전 테일러는 '어머니'의 뜻을 이해하고 미소 지을 수 있었어.

뇌졸중 발병 셋째 날, 어머니가 오셨고 테일러를 포근하게 안아주었어. 테일러의 어머니는 정신분열증을 앓는 아들을 10년 동안 돌보았지만 치료하는 데는 실패했어. 그래서 이번에 아프게 된 딸 만큼은 이 병으로부터 지켜주고 싶어 했지. 어머니는 여러 의사와 논의한 끝에 기형적으로 터진 혈관과 핏덩이를 제거하는 수술을 하기로 했어. 이 수술은 매우 위험한 수술이야. 머리뼈를 열어 머리의 압력이 바뀌게 되면 영영 인지능력을 잃어버릴 수도 있거든.

1996년 12월 15일, 테일러는 뇌졸중이 발병한 지 5일 만에 자기 집으로 돌아왔고, 2주 뒤에 있을 수술을 차근차근 준비했어. 유아의 인지발달 단계로 되돌아온 것처럼 말하는 법, 읽는 법, 쓰는 법 등 뇌를 사용하는 능력을 키워 나갔고 몸을 일으키는 법, 걷는 법, 계단을 올라가는 법 등을 다시 배우면서 신체 능력을 단련시켰지. 잠시 걷기만 해도 6시간 동안 쉬어야 할 정도로 힘든 과정이었지만, 다시 회복하고 싶다는 의지로 극복해 나갔어.

이러한 작은 성공들은 어머니의 헌신적인 노력과 긍정적인 마음이 뒷받침된 결과였어. 뇌졸중 환자들은 발전이 더디므로 많은 환자와 보호자들이 쉽게 절망한대. 하지만 테일러의 어머니는 한 번도 테일러를 비난하지 않고 "더 나쁘지 않은 게 어디냐"라는 위안의 말을 자주 하셨지. 테일러가 이뤄낸 조그만 성취에도 크게 기뻐하면서 결국 회복되리라는 희망을 품고 돌봐주신 거야. 아마도 이런 어머니의 긍정적인 생각과 노력 때문에 테일러 책의 한국어판 제목이『긍정의 뇌My Stroke of Insight』로 붙여진 것 같아.

테일러의 터진 혈관에서 나온 피가 굳으면서 뇌의 뉴런(신경세포)들을 손상시킨 상태였지만 다행히 실제로 죽은 뉴런은 거의 없었어. 그리고 일주일 동안 수술을 위한 몸을 만들기 위해 노력한 결과, 퍼즐도 맞추고 색과 입체도 인지하기 시작했어. 뇌졸중이 일어나기 전에 즐겨 했던 설거지도 할 수 있게 되었지. 하지만 공간 능력을 담당하는 뇌 부위에 이상이 생겼기 때문에 다 씻은 접시를 선반에 집어넣는 과정은 테일러에게 너무 어려웠어. 수술이 끝난 뒤에도 선반에 접시를 넣는 행동을 할 수 있기까지는 1년이라는 시간이 걸렸다고 해.

테일러는 여러 훈련 중에서 책 읽는 과정을 특히 힘들어했어. 어머니가 's' 자를 보고 이것이 글자라는 것과 '스'라는 소리가 난다고 알려주었지만 오히려 말도 안 되는 소리라며 어머니에게 되물었지. 박사과정을 마치고 하버드대에서 강의하던 교수님이 알파벳 단어 하나조차 읽을 수 없게 되다니…. 하지만 어머니는 테일러를 재촉하지 않고 천천히 스스로 문장을 읽을 수 있도록 도와주었어.

한번은 이런 일도 있었어. 테일러와 어머니가 세탁소에 가서 돈의 개념에 대해 배운 적이 있는데 어머니가 돈을 쥐여주고 물으셨지. "테일러, 1 더하기 1이 뭘까?" 그 물음에 테일러가 뭐라고 대답했을까? 테일러는 "1이 뭐야?"라고 대답했대. 1이라는 숫자조차 알지 못하는 딸을 보며 어머니는 마음이 아주 아팠겠지만, 끝까지 용기를 잃지 않고 테일러가 수술을 잘 받을 수 있도록 보살펴주었어.

🧠 뇌졸중 수술

1996년 12월 27일 아침 6시, 테일러는 머리를 열어 굳어버린 핏덩이와 기형 정맥을 제거하는 수술을 받았어. 긴 수술 끝에 오후가 되어 눈을 뜬 테일러는 왼쪽 머리카락이 잘려져 있었고, 23센티미터 길이의 수술 자국이 왼쪽 머리에 생겨 있었지. 어머니는 테일러가 눈을 뜨자마자 말을 해 보라고 했어. 혹시나 뇌에서 필요 이상의 혈관들을 제거했을 경우 평생 말을 못 하게 될 가능성도 있었기 때문이야. 다행히도 테일러는 나지막한 목소리로 어머니에게 대답할 수 있었어. 수술은 대성공이었어!

재활치료를 위해 집으로 돌아온 테일러는 예전과 달라진 자신을 보며 많이 두려워했어. 그동안 쌓아온 경력과 지식을 잃어버렸고, 직장과 박사 학위마저 빼앗길 것 같은 불안한 마음이 들었지. 하지만 테일러는 자기 자신을 있는 그대로 사랑하기로 했어. 이렇게 되어버린 자신도 그저 테일러일 뿐이라고 받아들이고 뇌졸중 발병 전에 계획했던 강연을 준비하기 시작했어. 다른 장소에서 녹화했던 자기 자신의 강의를 보면서 표정, 눈빛, 걸음걸이를 똑같이 따라서 연습했어. 20분 동안 진행되는 강의를 위해 한 달 동안 매일 연습에 연습을 거듭했지. 결국 여러 사람의 도움과 테일러 자신의 노력으로 성공적인 강의를 할 수 있었고, 예전의 생활들을 되찾을 수 있다는 자신감도 얻게 되었어.

수술 후 8개월이 지났을 때는 직장에 복귀할 수 있었고, 2년이 지난 뒤에는 자신의 뇌졸중 상태의 경험을 책으로 출판하기로 하지. 수술 후 4년째에 접어들자 처음으로 자연스럽게 걷고 한번에 여러 가지 일을 할 수 있게 되었어. 5년 차가 되자 사칙연산을 다시 하게 되었고, 6년 차에는 한

번에 계단을 두 개씩 오를 수 있었지. 그리고 8년 차가 되었을 때 드디어 몸에 대한 자각이 '유동체'에서 '고체'로 돌아왔고, 거의 완벽한 예전의 자신으로 돌아올 수 있었어.

의사들은 6개월 안에 뇌의 능력을 찾지 못하면 그 능력이 영원히 돌아오지 않을 거라고 주장했지만, 테일러의 경우 8년에 걸친 노력을 통해 그 기능이 꾸준히 향상되었어. 6개월이 지나도 뇌의 능력을 회복시킬 수 있다는 사실을 당당히 증명한 셈이야. 8년이라는 긴 시간 동안 재활치료를 포기하지 않고 해낸 테일러의 근성과 성실성이 놀라운 기적을 만든 것으로 생각해.

: 연구 성과 :

테일러가 경험으로 알아낸 연구 성과 중 첫 번째는 우뇌의 성격과 좌뇌의 성격이 따로 존재한다는 거야. 근대의 신경학자들은 우뇌를 비논리적인 사고를 하는 열등한 뇌로 취급하고, 심지어 폭력적인 경향이 있다고 치부하기도 했어. 하지만 테일러는 좌뇌 일부가 마비되어 우뇌가 상대적으로 강해진 상태로 생활하면서, 이 생각이 잘못되었다는 것을 경험으로 느꼈어. 우리에게는 좌뇌의 현실감각뿐만 아니라 우뇌의 능력 또한 반드시 필요하다는 것이지.

흔히 좌뇌를 이성의 뇌, 남성적 뇌, 감각의 뇌라고 하고 우뇌를 감정(본능)의 뇌, 여성적 뇌, 직관의 뇌라고 이야기해. 테일러도 뇌졸중이 발병한 뒤 좌뇌와 우뇌 각각에 서로 다른 성격이 존재한다는 느낌을 받았고, 상대적으로 우뇌의 영향이 커짐에 따라 높은 공감 수준을 가진 성격으로 바뀐 것 같다고 했어. 좌뇌와 우뇌는 정보를 받아들이는 방식뿐만 아니라 서로 중요하게 여기는 가치가 다르므로 우세한 뇌에 따라 성격이 달라진 거라고 할 수 있지. 우뇌는 좌뇌보다 열등한 뇌가 아니라 공감 능력과 평화를 주는 힘이 있고 지금 이 순간을 소중히 여기면서 집중하게 하는 힘이 있어. 테일러는 우뇌의 영향이 커짐에 따라 좌뇌에 의해 외부와 단절되었던 관계들이 회복되고, 다시 외부와 연결된 편안한 기분을 느꼈다고 해. 이런 상태를 유지하기 위해 다시 좌뇌의 기능이 회복되는 것을 거부하고 싶을 정도였다지.

테일러는 뇌졸중 환자들뿐만 아니라 일반 사람들도 명상을 통해 좌뇌의 소리를 잠시 줄인다면 마음의 평화에 접근할 수 있다고 주장했어. 언어에 관련된 좌뇌를 쉬게 하려고 눈을 감고 호흡에 집중하는 과정이, 좌뇌를 닫고 우뇌를 깨우는 과정과 비슷하다는 것이지. 실제로 뉴버그

명예 박사학위를 받고 있는 테일러

(A. Newberg)와 다킬리(E. Daquili) 박사가 티베트 스님들과 프란치스코 수도회 수녀님들을 대상으로 했던 명상 실험에서도 우뇌가 상대적으로 활성화되는 것이 확인되었어. 명상할 때 좌뇌의 언어를 담당하는 부위 그리

고 신체 경계와 시공간을 담당하는 부위의 활동이 줄어들고, 상대적으로 우뇌의 활동이 증가한 거지. 이로써 명상을 통해 마음의 평화를 얻을 수 있다는 것이 증명되었고, 테일러는 뇌를 다친 경험으로 이 사실을 재확인한 거야.

두 번째로 소개할 테일러의 연구 성과는 감정을 선택하는 데 있어서 우뇌의 도움을 받을 수 있다는 사실을 확인한 거야. 우리의 감정적 반응은 뇌의 변연계라는 부위에서 자동으로 나오는 것이 많은데, 이 변연계는 어떤 자극이 오면 바로 반응할 수 있도록 프로그래밍 되어 있고 그 감정을 90초 동안 발산해. 예를 들어 화가 날 만한 자극이 오면 분노라는 감정이 90초 동안 일어나는 거야. 하지만 90초 이후의 감정은 좌뇌가 집착하면서 일어나는 감정이지. 즉 90초 이후에 일어나는 분노는 좌뇌가 그 감정을 선택한 거야. 그러니 의식적으로 우뇌로 좌뇌의 감정을 바라보면 안 좋은 감정을 멈출 수 있어.

테일러는 우뇌를 통해 현재를 바라보고 내부의 감정에 귀를 기울이면서 마음의 짐을 덜어낼 수 있다고 생각했어. 하지만 사람들이 분노, 질투, 좌절과 같은 부정적 감정에 집착하는 경향이 있기 때문에 우뇌로 감정을 바라보는 것은 매우 힘든 일이야. 부정적 감정이 일어날 때는 뇌에서 신경회로들이 적극적으로 돌아가면서 강렬한 느낌을 받게 되는데, 마치 자기 자신이 강한 사람이 된 듯 착각하게 만들기 때문이지. 그래서 부정적인 사고 패턴에서 빠져나올 수 있도록 통제하는 연습이 필요해. 우리가 90초 이상 감정에 집착하는 것은 좌뇌의 뇌세포 회로가 만들어낸 산물이니 말이야.

세 번째 연구 성과는 뇌졸중으로 인한 감각의 네 가지 변화를 경험으로 알아냈다는 거야. 그 네 가지 변화는 자의식의 상실, 감정에 둔감해짐, 성격의 상실, 기억 복구의 어려움이야.

● 자의식의 상실

테일러가 뇌를 다쳤을 때 먼저 든 생각은 "내가 누구였지?"라는 것이었어. 그래서 끊임없이 자기가 질 볼트 테일러이고, 신경 해부학자라는 생각을 되뇌어야만 했지. 자의식의 상실은 신체적 경계가 사라지는 과정에서 더 심해졌어. 자신의 몸이 어떻게 위치했는지, 어디서 시작해서 어디에서 끝나는지를 알기 힘들어했어. 주위 환경과 자신과의 구별이 힘들었고, 신체적 경계를 식별하기 어려워진 결과 자의식을 잃어버리게 된 것이야.

● 감정에 둔감해짐

부끄러움, 죄책감, 당황, 자만심, 질투심과 같은 감정들은 자의식이 있어야만 가능한 감정들이야. 다른 사람의 판단과 평가에 신경 쓰기도 하고, 문제 상황에서 사회적으로 용인되는 방법으로 반응할 수 있도록 도와주는 감정들이지. 하지만 테일러는 뇌졸중으로 이 감정을 느끼지 못했기 때문에 사람들이 자신을 바보라고 생각하는 것이 느껴져도 정작 테일러 자신은 부끄럽거나 당황스러워하지 않았어.

● 성격의 상실

주변과의 경계가 사라지면서 자신의 성격을 잃어버린 것이지. 실제로 테일러 자신은 뇌졸중 이전에 신경질적이고 예민한 성격이었는데 뇌졸중을 앓고 나서 더 공감하는 능력이 생기고 부드러워졌다고 이야기해. 마치

뇌를 다친 뒤 새로운 성격을 가진 사람으로 다시 태어난 것처럼 말이야.

● 기억 복구의 어려움

한마디로 자신의 과거 기억과 그 기억들을 회상하는 능력을 잃어버린 것이지. 그 결과, 모든 기억이 초기화된 거야. 그래서 이전의 모습으로 다시 돌아오기까지는 8년이라는 시간이 걸렸어.

마지막으로 소개할 연구 성과는 도파민과 세르토닌이 정신분열증의 원인 물질이라 추정한 거야. 테일러는 오빠가 겪었던 정신분열증의 원인을 찾기 위해 정신분열증을 앓고 있는 환자들의 뇌와 실험용 쥐의 뇌를 관찰했어. 우리 뇌의 수많은 신경전달물질 중에는 도파민과 세로토닌이라는 물질이 있는데, 정신분열증이 발병할 때 이 두 물질의 수용체가 발달하고 이 물질들이 뇌 섬유와 비정상적으로 연결되어 병을 일으킬 수 있다고 신경해부학적으로 밝혔어. 이 연구로 정신분열증과 소아 및 청소년기의 뇌 질환 환자들은 이러한 신경전달물질 수용체가 잘못 발달하였을 것이라는 추정이 가능하게 되었지.

: 생물학계에 미친 영향 :

테일러가 학계에 미친 영향을 살펴보면, 뇌졸중 재활에 대한 인식을 바꿔놓았다는 점을 들 수 있어. 자신의 경험을 풀어낸 책 『My Stroke of

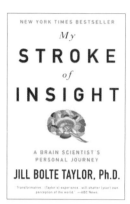

테일러의 책 표지

Insight』는 〈뉴욕 타임스〉 베스트셀러 목록에 17주 동안 머무르면서 뇌졸중 환자의 재활에 대한 연구가 부족하다는 사실을 학계와 대중에게 전할 수 있었어. 또한 2003년 캐나다 뇌졸중네트워크합의회의에서 뇌졸중 환자를 중심에 둔 의료 연구가 더 필요하다는 사실을 확인했지. 즉 테일러의 이야기는 뇌졸중 환자들의 편안한 재활에 대한 연구가 진행되도록 영향을 주었어.

그리고 뇌 기증 문화를 확산시켰다는 점도 들 수 있어. 현재도 하버드 브레인뱅크의 일원으로서 정신질환에 필요한 뇌 조직을 기증할 수 있도록 독려하고 있고, 정신질환자 환자와 가족의 입장에서 뇌 기증 문화를 전파하고 있지.

TED 강연 중인 테일러

뇌 과학자로서 자신이 겪은 뇌졸중 이야기를 대중에게 풀어냈다는 점은 세계적으로 큰 반향을 일으켰어. 2008년 2월, 테일러는 전 세계 지성인들의 축제인 '기술, 엔터테인먼트, 디자인(TED)' 컨퍼런스에서 강연했고 이 비디오클립은 TED 웹 사이트(https://www.youtube.com/watch?v=3-6XxkB699o)에서 전 세계 수백만 명의 사람들이 보았지. 이러한 폭발적인 반응으로 테일러는 2008년 〈타임〉지에서 선정한 '세계에서 가장 영향력 있는 100인' 중 한 명으로 선정되어 오프라 윈프리 쇼에서 인터뷰를 하기도 했어. 테일러는 특히 아직 그 기능이 정확히 밝혀지지 않은 우뇌에 대한 이야기를 전하는 데 힘쓰고 있어.

뇌의 각 기능들을 알아보려는 노력은 국제적으로도 이루어지고 있어. 1993년 구성된 '국제뇌지도회의(ICBM)'에서는 전 세계 7000여 명의 뇌를 조사하고 있고, 2000년에는 452명의 뇌 구조를 토대로 한 표준 뇌 지도를 만들어 발표하기도 했지. 그런데 이 452명의 대부분이 백인으로 구성돼 있어서 우리나라 사람에게 적용하기에는 어려운 점이 많았기 때문에 한국에서도 공동연구팀을 꾸려 한국인의 뇌에 맞는 표준 뇌 지도 작성을 하기도 했어.

: 우리 삶에 미친 영향 :

한 해 동안 미국 내에서만 70만 명의 뇌졸중 환자가 나오고 있고, 한국에서도 1년에 10만여 명의 환자가 발생하고 있어. 하지만 사회적으로 뇌졸중 환자들을 이해하고 회복시키는 전략에 대해서는 공유가 잘 안 되고 있었어. 이런 상황에서 테일러는 자신의 경험을 허심탄회하게 나눔으로써 뇌졸중 환자들의 특성과 치료 과정에 대한 조언을 아끼지 않았어. 또한 브레인스(BRAINS)라는 비영리 조직을 만들어 뇌에 관한 연구, 교육, 질병 예방, 회복 등 여러 분야의 활동들을 제공하고 있어. 특히 교육 분야에서는 명상 및 사고 인지와 관련된 내용을 아이들에게 가르치는 마인드업

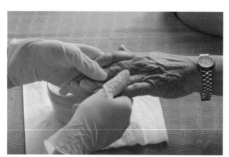
알츠하이머 환자 지원 서비스

(Mind-up) 프로그램을 시행해 뇌 교육의 대중화에 힘쓰고 있지.

테일러는 먼저, 뇌졸중 환자들이 자극을 실제보다 크게 받아들이기 때문에 수술 후에도 텔레비전이나 전화, 라디오를 멀리하면서 안정을 취해야 한다고 충고했어. 테일러가 입원했을 때 이러한 자극들이 뇌의 에너지를 빼앗아가는 걸 경험했기 때문이었어. 재활 과정에서는 단답식 질문보다 주관식 질문이 더 깊은 사고를 요구하기 때문에 뉴런의 활성화를 도울 수 있다고 이야기했어. 뇌졸중으로 뇌의 연결이 망가진 상태에서는 주관식 질문을 통해 조금이라도 더 빨리 뇌 연결을 다시 자극시켜야 뇌세포 손상을 최소화할 수 있다는 것이었어. 주의할 점은 주관식 질문에도 추상적 단어를 쓰기보다는 구체적인 단어를 쓰는 것이 더 도움이 된다는 거야. 발병 첫날 의사가 테일러에게 처음 했던 질문은 "미국의 대통령은 누구입니까?"였는데, 미국과 대통령이라는 단어는 테일러에게 너무 추상적인 단어였어. 차라리 그런 단어를 넣어 질문하는 것보다는 "빌 클린턴은 누구와 결혼했습니까?"처럼 구체적인 사람을 넣어 질문할 때 그 단어의 이미지를 떠올리기 쉬우므로 재활에 더 도움이 되었을 거라는 것이었어.

테일러는 또 수면이 뇌 치유 효과가 있다는 사실을 강조했어. 병원에 입원해 있는 동안 수면을 통해 뇌에 에너지가 채워지는 느낌을 받았고 그 에너지로 과제를 수행할 수 있었기 때문이야. 그렇다면 잠을 자는 것은 공부에 얼마나 도움이 될까? 수험생들에게 하는 말 중에 '4당 5락'이라는 게 있어. 4시간 자면 원하는 대학에 붙고, 5시간 자면 떨어진다는 말이지. 물론 급하게 공부해야 할 일이 있다면 잠을 버텨가면서 할 필요도 있겠지만, 잠을 자지 않고 무리하게 공부하면 장기적으로는 뇌를 피로하게 하고 심지어 뇌 질병까지 생기게 할 수도 있어.

요즘 뇌와 수면에 관한 연구도 많이 진행되고 있는데, 우리가 깨어 활동할 때 뇌에서 나오는 베타 아밀로이드(beta-amyloid)라는 노폐물은 잠을 자는 동안 뇌세포가 수축해 세포 사이의 공간이 여유로워지면서 청소가 된다는 거야. 베타 아밀로이드는 기억을 잃게 만드는 병인 알츠하이머(치매)의 원인으로 여겨지는 물질이기 때문에 적절한 수면 시간을 확보하여 이 물질을 처리하는 것이 장기적으로 뇌의 건강과 뇌 질병 예방에 도움이 되는 것이지. 무조건 잠을 줄여가면서 공부하는 것이 좋지만은 않은 거야.

: 생각해볼 문제 :

신경 다윈주의와 우리 뇌의 숨겨진 능력

'신경 다윈주의(Neural Darwinism)'라는 말을 들어봤니? 다윈은 종이 어떤 환경에서 살아남느냐에 따라 진화의 방향이 결정된다고 주장했는데, 다윈의 이런 생각을 신경학 분야로 적용한 개념이야. 뇌는 대량의 신경망을 만들어내고 그중 환경에 따라 자극을 많이 받은 것이 선택되어 그 부분의

복원한 네안데르탈인

뇌 신경은 발달하고 나머지 부분은 도태된다는 이론이지.

영국 레딩대학교의 고고학과 교수인 스티븐 미슨(Steven Mithen)은 멸종한 네안데르탈인이 현생인류보다 더 뛰어난 음감을 가지고 있었다고 주장했어. 네안데르탈인은 목소리의 높낮이나 강약, 리듬 등을 다양하게 바꿔가며 의사소통을 했을 텐데, 그렇게 하려면 절대음감이 있어야 가능했을 거야. 마치 테일러가 좌뇌가 망가져 동료 스티브의 말을 알아듣지도, 그에게 말을 하지도 못했지만 목소리의 톤과 높낮이 느낌으로 자신을 구하러 오겠다는 뜻을 알아들은 것처럼 말이지.

아기들도 절대음감을 갖고 있다고 주장하는 학자들이 있어. 하지만 자라는 동안 말을 배우기 시작하면서 그 능력을 잃어버린다는 거야. 언어로 의사소통을 할 수 있게 되면 굳이 절대음감이 필요 없어지기 때문이라는 거지. 어쩌면 우리 몸에는 아직도 네안데르탈인과 같은 절대음감 유전자가 남아 있는데 그 능력을 제대로 쓰지 못하고 있는 것인지도 몰라. 음감 이외에도 환경적인 영향으로 발현되지 못한 우리 뇌의 숨겨진 능력들에는 어떤 것이 있을까?

우리의 언어는 노래하는 것에서 시작된 것일까?

다윈의 노트 중

224

교육의 의미

미국의 방송 프로그램 '수학 천재의 탄생'에 나온 제이슨 패지트(Jason Padgett)라는 수학자가 있어. 이 사람은 수학을 잘하지도 좋아하지도 않았는데, 어느 날 강도에게 폭행을 당하는 바람에 뇌의 한 부분이 충격을 받았지. 그런데 이 충격으로 수학을 담당하는 부분의 뇌가 열려서 모든 것이 숫자와 기하로 보이게 되었다는 거야. 심지어 배우지도 못한 공식들이 저절로 보이기도 했대. 갑작스러운 변화에 한동안 힘든 시간을 보냈지만, 패지트는 깨어난 자신의 능력을 인정하고 대학교에 다시 들어가 수학을 공부했어. 그리고 어려운 수학 개념들을 시각화하기 시작했지. 혹시 학교에서 수학 시간에 배웠던 원주율 기억나니? 원둘레와 지름 사이에는 3.14⋯:1 정도의 비율이 성립하는데 슈퍼컴퓨터를 이용해서 10조 자리 정도까지 구하는 것이 가능하다고 하지. 그런데 패지트는 이 원주율을 사

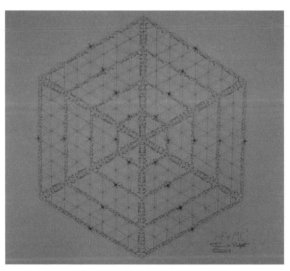

제이슨 패지트가 에너지의 근원을 설명한 그림

진처럼 시각적으로 그려냈어. 그리고 손이나 사물들까지도 수학적으로 시각화하여 표현해냈지.

우리 뇌에는 이렇듯 엄청난 능력들이 숨어 있는데 우리가 제대로 발휘하지 못하는 것이 아닐까? '교육'을 의미하는 'education'이라는 단어에는 '끌어내다'라는 뜻도 포함되어 있으니 무언가를 집어넣기보다는 우리가 원래 가지고 있던 능력을 발현하도록 도와주는 것이 참교육인지도 몰라. 제이슨의 TED 강연 동영상(https://youtu.be/GDU7lEmiiD8)도 인터넷에 올라와 있으니 한번쯤 찾아보는 것도 좋을 거야.

뇌와 우주

독일 슈투트가르트대학의 제바스티안 골트(Sebastian Goldt) 선임연구원에 따르면, 우리 뇌는 우주의 법칙 중 하나인 엔트로피의 법칙에 따라 시냅스(synapse, 신경세포의 말단이 다른 신경세포와 접합하는 부위) 전달이 이루어진다고 해. 시냅스 전달이 이루어질 때 열과 엔트로피(무질서도)가 증가한다는 말이지. 우주의 법칙을 뇌 연구에 적용하다니 아이디어가 기발하지? 하지만 인간이 우주에 살고 있는 우주인이고, 우리 자신도 빅뱅으로 만들어진 우주의 한 조각이라고 생각한다면 인간의 뇌가 우주의 법칙을 따른다는 것은 당연한 일이라고 할 수 있겠지.

테일러도 좌뇌를 다친 상태에서 생활할 때 정신이 우주라는 거대한 바다에 빠져 노는 것과 같은 느낌이 들었대. 이성적 판단이 멈춰진 뒤에야 우리가 우주의 일부라는 사실을 알게 되다니, 진리라는 것은 가까운 데 있음에도 불구하고 깨닫기가 힘든 것 같아.

그렇다면 우리의 뇌와 우주는 어떤 관련이 있을까? 이에 대해 연구한

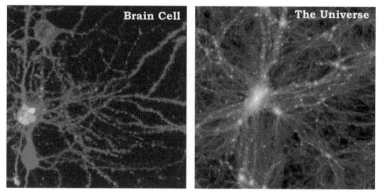

뇌와 우주 비교 사진

강에 나타난 자연의 프랙탈 구조

흥미로운 기사가 〈네이처〉지에 실려서 소개하고 싶어. 영국의 물리학자인 데이비드 콘스탄틴(David Constantine)은 쥐의 뇌세포를 염색한 사진과 우주를 찍은 사진이 매우 흡사하다는 점을 지적했어. 또 모양뿐만 아니라 우리의 뇌가 신경세포를 만들어가는 과정과 우주에서 은하가 확장하는 방식도 비슷한 점이 있다고 했어. 우리 뇌의 신경세포는 몇 개의 덩어리를 만들면서 성장해 나가는데, 은하도 이와 비슷하게 확장해 나간다는 거지. 이것을 보고 어떤 사람들은 우주가 어떤 생물체의 뇌일지도 모른다는 재미있는 생각을 한대. 어찌 보면 동양적 관점에서 인간을 소우주로 보아온 것이 맞는 관점이었던 것 같아.

이러한 동양적인 관점은 수학적으로 프랙탈 구조와 연관 지을 수 있어. 프랙탈(fractal) 구조는 부분이 전체와 비슷한 구조로 되어 있다는 기하 구조야. 지구는 우리 몸의 뇌와 프랙탈 구조를 이루고 있는 것 같은 느낌이 들어. 우리 뇌 속에 뇌를 지탱하는 골격세포와 활동적으로 움직이는 혈액세포가 있는 것처럼, 땅은 골격세포로 비유할 수 있고 그 위에서 움직이는 동식물은 혈액세포로 영양분을 주고받으며 살고 있다고 보는 거야. 즉 우리 지구 생명체들은 우주라는 몸체의 지구라는 뇌 속에서 살아가는 세포로 볼 수 있다는 거야.

아인슈타인의 뇌

천재 과학자 아인슈타인

뇌 해부학자들에 따르면 사람의 뇌는 서로의 얼굴만큼이나 다르게 생겼대. 천재의 뇌는 어떻게 생겼을까? 아인슈타인이 죽으면서 기증한 뇌를 통해 연구한 것을 보면 좌뇌가 우뇌보다 두껍다는 것을 알 수 있지. 아인슈타인의 뇌는 좌뇌와 우뇌 양쪽의 전두엽이 다른 사람보다 발달해 있고, 뒤쪽의 시각피질이 발달해 있어. 그래서 사고실험(thought experiments)을 더 잘할 수 있게 해주는 상상력, 집중력, 기억력 등이 뛰어났다고 해. 또 뇌량이 다른 사람들보다 발달하여 좌뇌와 우뇌 사이의 정보교환이 더 잘 이루어졌고, 뇌의 영양 상태가 더 좋았다는 특징이 있어. 그렇지만 해부학적인 차이는 다른 평범한 사람들의 뇌와 비교했을 때 생각만큼 크지 않았어.

뇌 기능 연구

우리는 천재라고 부르는 아인슈타인의 뇌에서 별다른 정보를 얻지 못했어. 아인슈타인이 죽은 뒤에 뇌를 꺼내어 연구했기 때문이야. 요즘은 MRI나 PET 장치의 개발로 살아 있는 사람들을 대상으로 fMRI 사진을 찍어서 사람들이 특정 생각을 할 때 뇌의 어느 부위가 활성화되는지 알아보는 연구가 활발히 진행되고 있어.

2016년 캘리포니아대학교 버클리(UC 버클리)의 신경과학과 잭 갤런트(Jack Gallant) 교수는 〈네이처〉지에 단어 사용에 따른 뇌 활성화 부위의 연구 결과를 실었어. 갤런트는 소설을 읽어줄 때 특정 단어에 반응하는 영역이 있다고 생각해서 2000여 단어를 분석한 뒤 뇌 어휘 지도(brain dictionary)를 그렸어. 그리고 사람들은 단어를 기억할 때 카테고리별로 비슷한 장소에 저장한다고 주장했지. 예를 들어 '엄마'라는 단어는 우뇌의 뒤쪽에 저장되어 있었는데 그 주변에는 '아내', '임신', '가족' 등의 단어들이 같이 저장되어 있었어. 이로써 언어는 정확히 좌뇌에서만, 감정은 정확히 우뇌에서만 일어나는 것이 아니라 전체 뇌를 사용한다고 생각할 수 있어. 뇌 어휘 지도의 일부를 보여주는 자료도 나와 있으니 관심 있는 사람은 다음의 웹 사이트 주소(https://youtu.be/k61nJkx5aDQ)를 찾아서 보면 좋을 거야.

언어 소통을 할 때 작동하는 뇌의 신경망

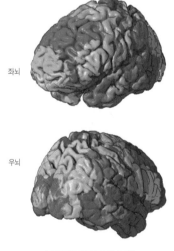

좌뇌

우뇌

브로드만 영역의 3D 표현

뇌 분야는 아직 연구가 진행된 지 얼마 되지 않은 학문 분야야. 브로드만 이래로 신경과학자들은 뇌 기능 연구를 지속하고 있어. 기술의 발달과 함께 더 정확하고 세밀한 뇌 지도를 얻기 위해 노력하고 있지. 그런데 브로드만 영역 사진에서 보면 해부학적으로 좌뇌와 우뇌의 차이가 별로 없어 보이는데 왜 좌뇌와 우뇌의 기능은 다르다고 하는 것일까? 신경과 의사들의 말에 따르면 아직 우리는 뇌에 대해서 모르는 것들이 너무 많고, 특히 우뇌의 기능들은 확실하게 판단하거나 측정하기 힘든 기능들이 많아서 지금도 한참 알아가고 있는 중이래. 나중에 훌륭한 학자들이 많이 나와 정확한 뇌 기능 지도를 밝혀주는 날이 오면 좋겠다.

뇌를 이용한 기억법

인류학자들은 기억력이 유인원과 인간을 구별해주는 인간 고유의 특성이라고 생각하고 있어. 언어능력, 직립보행 능력과 마찬가지로 기억력 또한 자연선택 과정을 통해서 인류가 진화해온 특징이라고 보는 거야. 특히 인간은 여러 종류의 기억력 중에서 공간을 기억하는 능력을 더 진화시켜왔어. 먹을 것이 어디에 있는지, 잘 곳은 어디였는지 등과 같은 기억 말이야. 한마디로 먹고 살기 위해 유리한 공간 기억력이 다른 기억력보다 더 발달해온 것이지.

시모니데스라는 고대 그리스의 시인은 대연회장에서 강연을 마치고 나오다가 지진으로 건물이 무너졌을 때, 연회장에 앉아 있던 청중들의 얼굴을 정확히 기억해내 수많은 시신의 주인들을 찾아주었던 사람이야. 이 시모니데스로부터 공간을 활용한 기억술에 대해 구체적인 이론이 시작되었는데, '로먼룸 기법' 혹은 '기억의 궁전'이라는 방법이 여기에서 나온 기억술이야.

'기억의 궁전'은 마음속에 상상의 건물을 지어서 기억하고 싶은 것들이 그 건물에서 살아 있게 하는 기억법이야. 우리는 이미 유전적으로 시각적, 공간적인 것에 뛰어난 기억력을 가지고 있으므로 훈련을 통해 이 기억법을 사용할 수 있어. 실제로 장소를 외우고 탐색하는 일을 많이 할 수록 기억을 담당하는 해마라는 뇌의 부위가 더 커진다는 연구 결과도 있으니 시모니데스와 같은 기억법을 갖는 것도 불가능한 것은 아니야.

한국의 기억법 국가대표인 조신영 선수의 말에 따르면 기억의 과정은 의미화, 구체화, 결합, 저장의 4가지 순서로 일어난대. 만약 이 과정을 '기억의 궁전' 기억법을 써서 영어 단어를 외우는 데 적용한다면 어떻게 할 수 있을까? 먼저 뜻, 발음, 글자 형태로 의미화를 시킬 수 있는데, 셋 중에 제일 좋은 방법은 '뜻'으로 하는 거야. 단어를 외울 때 어원의 뜻을 통해 외우는 것이지. 예를 들어 prolong(늦추다, 연기하다)이라는 단어를 외운다면 pro는 '앞으로'라는 뜻이고, long은 '늘이다'라는 뜻으로 의미화를 시켜놓는 거야. 그다음에 구체화 단계에서 감각적으로 상상하고 감정을 부여해주는 거지. 즉 prolong 같은 경우는 양옆으로 고무줄을 길게 늘이는

	기억의 과정	예시
의미화	뜻, 발음, 형태로 의미를 부여함	· pro 앞으로 · long 늘이다 · 늦추다, 연기하다
구체화	시각적 상상, 공감각적(청각, 후각, 촉각) 상상을 하고 그 상황에서의 희로애락으로 감정을 부여함	· 시각: 앞으로 늘이는 고무줄을 상상 · 촉각: 고무줄의 느낌을 상상 · 후각: 고무줄의 냄새를 상상
결합	간결하면서 강렬한 이야기를 지어줌	고무줄을 앞으로 늘여서 과제 제출 시한을 연기했다
저장	기억 공간 가운데 익숙하고 생생한 장소에 앞 단계에서 결합한 것을 저장함	우리 집 현관에 과제 제출 시한을 연기했다는 이야기를 배치함

장면을 상상하고 고무줄의 촉감, 냄새 등을 떠올리면서 구체화시킬 수 있어. 그리고 결합 단계에서는 고무줄을 앞으로 늘여서 과제 제출 시한을 연기했다는 이야기와 구체화시킨 단어를 결합시키면 돼. 마지막 저장 단계에서는 자기와 친숙한 기억 공간에다가 생성된 기억 결합체를 저장해. 예를 들면 이 이야기를 우리 집이라는 기억의 궁전 '현관'에 놓아두고, 언제든 떠올리면 이 단어가 '현관'에서 튀어나올 수 있게끔 하는 거지.

인간의 뇌에 대해서 좀 더 알게 되면, 결과적으로 우리가 본래 가지고 있던 잠재능력을 더 많이, 더 크게 이끌어낼 수 있을 거야. 그렇게 된다면 우리 삶에서 좀 더 행복하고 의미 있는 것에 더 많은 시간을 보낼 수 있게 되지 않을까?

테일러의 결정적 시선

★ 성실성

의사들은 6개월 안에 뇌의 능력을 찾지 못하면 그 능력이 영원히 돌아오지 않을 거라고 주장했지만, 테일러의 경우 8년에 걸친 노력을 통해 그 기능이 꾸준히 향상되었어. 6개월이 지나도 뇌의 능력을 회복시킬 수 있다는 사실을 당당히 증명한 셈이야. 8년이라는 긴 시간 동안 재활 치료를 포기하지 않고 해낸 테일러의 근성과 성실성이 놀라운 기적을 만든 것으로 생각해.

★ 대중적 관심을 불러일으킴

뇌 과학자로서 자신이 겪은 뇌졸중 이야기를 대중에게 풀어냈다는 점은 세계적으로 큰 반향을 일으켰어. 2008년 2월, 테일러는 전 세계 지성인들의 축제인 '기술, 엔터테인먼트, 디자인(TED)' 컨퍼런스에서 강연했고 이 비디오클립은 TED 웹 사이트에서 전 세계 수백만 명의 사람들이 보았지. (https://www.youtube.com/watch?v=3-6XxkB699o) 이러한 폭발적인 반응으로 테일러는 2008년 〈타임〉지에서 선정한 '세계에서 가장 영향력 있는 100인' 중 한 명으로 선정되어 오프라 윈프리 쇼에서 인터뷰를 하기도 했어. 테일러는 특히 아직 그 기능이 정확히 밝혀지지 않은 우뇌에 대한 이야기를 전하는 데 힘쓰고 있어.

★ 사회에 공헌하고자 하는 마음

테일러는 뇌졸중 환자들의 여러 특성과 치료 과정에 대해 자신의 경험을 통한 조언을 해왔어. 또한 브레인스(BRAINS)라는 비영리 조직을 만들어 뇌에 관한 연구, 교육, 질병 예방, 회복 등 여러 분야의 활동들을 제공하고 있어. 특히 교육 분야에서는 명상 및 사고 인지와 관련된 내용을 아이들에게 가르치는 마인드업(Mind-up) 프로그램을 시행해 뇌 교육의 대중화에 힘쓰고 있지.

★ 긍정적 에너지

뇌졸중 환자들은 발전이 더디므로 많은 환자와 보호자들이 쉽게 절망한대. 하지만 테일러의 어머니는 한 번도 테일러를 비난하지 않고 "더 나쁘지 않은 게 어디냐"라는 위안의 말을 자주 하셨지. 테일러가 이뤄낸 조그만 성취에도 크게 기뻐하면서 결국 회복되리라는 희망을 품고 돌봐주신 거야. 아마도 이런 어머니의 긍정적인 생각과 노력 때문에 테일러 책의 한국어판 제목이 『긍정의 뇌My Stroke of Insight』로 붙여진 것 같아.

7

과학의 대중화를 이끈
리처드 도킨스

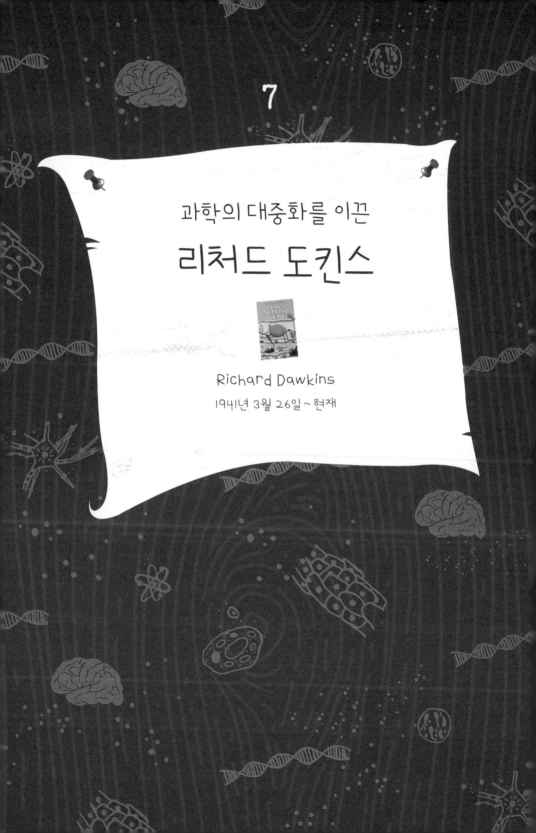

Richard Dawkins
1941년 3월 26일 ~ 현재

신자유주의

신다윈주의

동물의
사회적 행동들
- 병아리 연구 -

다윈주의의 후계자
(다윈 선배님 존경합니다)

학습 vs. 본능

유전자는
'이기적'이다

밈

사회 억압에 저항

확장된
표현형

유전자는
불멸이다

신의 존재를
인간의 지성으로
알 수 없다

아프리카
대자연

신자유주의가 등장하다

1970년대 영국에서는 '신자유주의(Neoliberalism)' 철학이 정치적, 경제적 측면에 영향을 미치고 있었어. 신자유주의란 기존의 자유주의 혁명을 통해 '선거에 참여할 권리'를 얻은 것에서 더 나아가, 경제활동에서도 국가적 참여를 최대한 배제하고 시장과 국민에게 자유를 주어야 한다는 철학이야. 1975년 마거릿 대처 총리가 보수당의 지도자가 되고 정권을 잡았는데, 경제를 살리기 위해 부자연스러운 복지정책보다 개개인의 이기적인 욕심이 필요하다는 신자유주의 경제정책을 펼쳤지. 당시 상황에서 '이기적'이라는 단어에는 '자기 이익만을 챙긴다'는 사전적 의미 외에도 그동안 기득권층에 빼앗기고 억압당해왔던 것에 대항해서 당연한 자유를 되찾는다는 뜻이 포함되어 있었어. 대중의 이러한 의식이 도킨스의 생각에 영향을 미쳤고, 세계적 논쟁을 촉발시킨 과학 대중서 『이기적 유전자(The Selfish Gene)』를 탄생시키는 토대가 되었어.

신다윈주의와 동물행동학

1960년대의 학계에는 '신다윈주의(Neo-Darwinism)'라는 철학이 자리 잡고 있었는데, '신다윈주의'란 다윈의 자연선택설을 유전학 분야에까지 접

목한 이론이야. 한마디로 유전자 단위로도 다윈의 자연선택설이 적용된다는 주장이었지. 예를 들어 부모가 자식을 돌보는 행동을 신다윈주의에 적용하면 어떻게 해석될까? 도덕적 관점에서 보면 부모가 자식을 돌보는 이유가 자식에 대한 사랑과 의무감 때문이라고 해석되지만, 신다윈주의 관점에서는 사랑과 의무감만으로는 이 행동을 해석할 수 없고 유전적으로 무엇인가 이득이 있기 때문에 나온 행동이라고 보고 있어. 인간이 아닌 다른 동물들도 자기 본성에 따라 자식들을 보호하고 기르고 있기 때문이지. 특히 유인원들의 경우에는 자식을 돌보는 기간이 긴 편인데 오랑우탄은 8~9년 동안 자식이 독립할 때까지 어미가 돌봐줘.

이에 1964년 영국의 생물학자 윌리엄 해밀턴(William Hamilton)은 '친족 선택 이론'이라는 신다윈주의에 입각한 새로운 이론을 발표했어. 이 이론에 따라 유전자 단위에서 해석해보면, 부모가 자식을 돌보는 행동은 유전자가 자신의 유전자를 많이 복제하기 위해서 유도한 것이라고 볼 수 있어. 자식을 돌보면 결국 자기의 유전자가 살아남을 수 있기 때문에 이타적인 행동을 하도록 유전자가 유도한다는 것이지.

혈연관계 증명을 위해 실험한 벌

실제로 부모가 아이를 돌볼 때는 옥시토신이라는 쾌락 호르몬이 나와서 부모가 기쁜 마음으로 아이를 돌보도록 만들어. 해밀턴은 개미와 벌을 가지고 한 실험을 통해서 동물의 경우에도 혈연관계가 가까울수록 이타적인 행동을 하는 빈도가 더 증가한다는 것을 증명했어. 만약 가족이나 친척들을 살려 유전적으로 얻는 이득이 커지게 되면 유전자는 그 개체를 희생

학문	심리학	동물행동학
중점 연구 대상	사람	동물
보조 연구 대상	동물	사람
목적	인간의 행동과 심리를 연구	동물 자체에 대해 연구
인간 능력의 근원	학습	선천성

시켜서라도 이타성을 발휘하도록 유도해. 촌수가 가까울수록 유전자를 공유하는 비율이 더 커지기 때문에 더 큰 이타성을 발휘하도록 유전자가 강력하게 명령을 내리는 것이지.

이런 철학을 바탕으로 동물의 행동을 연구하는 '동물행동학'은 1970년대에 도킨스의 스승으로부터 시작된 생물학의 한 분야야. 동물행동학과 학문 간 싸움이 자주 일어나는 심리학과 비교해보면 동물행동학에 대해 더 잘 알 수 있어. 동물행동학과 심리학은 공통적으로 쥐, 원숭이와 같은 동물의 행동을 연구하지만 그 관점에 차이가 있어. 심리학자들은 인간에게 적용되는 행동들을 알아내기 위해서 동물을 연구하지만, 동물 행동학자들은 동물 자체에 흥미를 두고 연구하지. 또 인간을 보는 관점과 연구 분야도 다른데 심리학자들은 '인간이 능력을 어떻게 학습하는지'에 관심이 있는 반면, 동물 행동학자들은 '인간이 선천적으로 타고난 능력'에 관심이 많아.

이렇게 두 학문이 인간 능력의 근원을 '학습'과 '선천성'으로 다르게 보기 때문에 갈등이 일어날 수밖에 없었어. 동물학자들이 연구해서 어떤 능력이 선천적 능력이라고 밝혀놓으면, 심리학자들은 그 능력이 학습된 결과라고 반박하곤 했지. 그 예로 개개비라는 새를 두고 벌인 논쟁을 들 수

휘파람새과의 개개비

있어. 동물 행동학자들은 수컷 개개비를 다른 새의 노래를 못 듣도록 고립된 환경에서 통제하면서 길렀어. 그런데 노래를 한 번도 들어보지 못한 수컷 개개비가 어른이 되어서 노래를 할 수 있었던 거야. 동물 행동학자들은 수컷 개개비의 노래하는 능력이 선천적인 것이라고 주장했어. 하지만 심리학자들은 이 수컷 개개비에게 어떤 방식으로든 학습이 개입했을 것이라고 반론했지. 어느 정도의 환경을 박탈해야 노래하는 능력이 생기지 않는지 명확하게 규명되지 않았다고 본 거야. 이 문제는 인간에게도 적용시킬 수 있는데, 인간의 능력이 '학습'과 '선천성' 둘 중 어디에 기반하는지에 대해서도 고민해볼 필요가 있어.

: 연구 동기 :

 아프리카의 도킨스

도킨스는 1941년 3월 21일, 아프리카 케냐의 나이로비에서 태어났어. 부모 모두 영국인이었지만 그의 아버지가 영국 농무부 공무원으로 아프리카에 파견되어 있었기 때문이야. 아프리카 초원은 자연학자가 되기에 완벽한 환경이었고, 도킨스는 그곳에서 동식물뿐만 아니라 삶의 기원과 의미에 대한 관심을 키웠어. '인생의 의미는 무엇일까?', '우리는 왜 여기 있을까?', '세상은 어떻게 시작되었을까?' 등 철학적인 고민에 대한 답을 과학에서 찾으려고 했지. 자연과 인생에 대해 궁금해하는 도킨스에게 식물학자인 아버지와 자연에 관심이 많았던 어머니가 언제나 그 고민에 귀 기울여주고 도킨스 스스로 답을 찾을 수 있도록 도와주었어.

도킨스의 아프리카 생활을 알아보려면 도킨스의 부모에 대해서 이야기하지 않을 수 없는데, 도킨스의 부모는 제2차 세계대전이 발발한 3주 뒤인 1939년 9월 27일에 결혼했어. 도킨스의 아버지는 니아살랜드(현재 아프리카의 말라위)의 농무부 공무원으로 파견되지만 전쟁 때문에 한 달 만에 케냐의 영국 왕립소총대에 소집 명령을 받아. 그래서 결혼한 지 한 달밖에 안 된 신부를 자동차에 태우고 니아살랜드에서 2000킬로미터 떨어진 곳에 있는 케냐로 이동하지.

도킨스의 어머니는 영국으로 되돌아갈 수 있었지만 남편을 따라 북부 전선으로 들어갔고, 그 뒤 3년 동안 파견지마다 쫓아다니며 동네 아이들을 돌보거나 초등학교에서 일하면서 임시 거처를 스스로 마련했어. 도킨스의 아버지가 케냐를 떠나 우간다로 파견되었을 때는 말라리아에 자주 걸렸었는데, 하루는 열이 나서

말라위에서 케냐로 가는 길

의사에게 말라리아에 걸렸는지 물으러 갔다가 의사로부터 말라리아가 아니라 임신을 했다는 진단을 받았어. 집도 제대로 없고 앞날을 예측하기도 힘든 전쟁 상황에서 도킨스를 임신한 거야. 도킨스의 부모는 불안하기도 했지만 씩씩하게 주어진 상황을 받아들이고 아기를 맞을 준비를 했어. 하지만 도킨스가 태어난 뒤에도 수차례 파견지를 따라 이동해야 했고, 아프리카 대륙을 가로지르는 기차 안에서 불안한 밤을 보내야 했지.

여러 해를 전쟁터에서 보내던 도킨스의 아버지가 이탈리아군과 싸운 것은 도킨스 가족에게 행운이었어. 이탈리아군은 제2차 세계대전을 일으킨 지도자 무솔리니의 허세에 마지못해 전쟁에 참여했기 때문에 전쟁의 승리에 집착하지 않았고, 이탈리아군과 영국군의 교전이 없었던 탓에 도킨스의 아버지는 사지가 멀쩡한 채로 전쟁을 마칠 수 있었지. 전쟁을 일으켰던 일본, 독일, 이탈리아가 패한 뒤 1943년 도킨스의 아버지는 드디어 군인에서 농무부 직원 신분으로 다시 돌아올 수 있게 되었어.

어린 도킨스는 니아살랜드의 옆 나라 짐바브웨에 영국인이 설립한 이글기숙학교에 입학해 아프리카 여행 소설인 『둘리틀 박사 이야기』와 같은 모험담을 읽거나, 숲과 폭포를 쏘다니며 자연과 함께 시간을 보냈지. 도킨스는 감수성이 풍부해서 시를 읽다가 감동해서 눈물을 흘리기도 하고 밤새 레코드판을 틀어 노래를 듣기도 했어.

 다윈의 진화론에 설득되다

도킨스 가족은 아버지가 우연히 영국 본토의 농지를 상속받으면서 영국으로 돌아와 정착하게 돼. 농장 일을 하느라 온 가족이 허름한 오두막 집에 살면서 거의 숲에서 야영하는 것과 같은 생활을 이어갔지. 이 당시 도킨스네 집은 아이들을 사립학교에 보내느라 자금 지출이 많았기 때문에 좋은 차를 탄다거나 외국으로 여행을 다니지는 못했어. 하지만 도킨스는 가족들과 근교에서 텐트를 치고 야영하는 것만으로도 충분히 행복해했어. 단지 도킨스에게 소원이 하나 있다면 『둘리틀 박사 이야기』의 주인공 둘리틀처럼 동물들과 대화하는 능력이 생기는 것이었지.

도킨스는 영국 사립학교인 온들(Oundle)기숙학교를 다녔는데 잉크로 낙서하는 것과 스쿼시를 좋아했고, 합창단에서 보이소프라노를 소화하면서 다른 친구들과 마찬가지로 평범한 학창 시절을 보냈어. 하지만 기숙사 생활은 단체생활이니만큼 가끔 부조리한 일들이 발생하기도 했어. 상급생이 신문 심부름을 시키거나 시간을 알리는 종을 치게 하는 등 잡일을 시키는 바람에 공부도 제대로 할 수 없었지. 같은 학년 내에서도 집단 괴롭힘이 성행했어. 조금이라도 외모나 행동이 다른 점이 있는 친구들은 집단 괴롭힘의 대상이 되기 일쑤였고, 도킨스는 혼자서라도 이 부조리를 말리지 못했던 것 때문에 나중에 커서까지 죄책감에 시달렸어.

도킨스가 기숙학교에 처음 입학했을 때에는 종교에 우호적이었고, 생명체들의 아름다움과 잘 설계된 세상을 보면서 신이라는 존재를 믿었어. 하지만 졸업할 무렵에는 생각이 바뀌어 반(反)종교주의자가 되었어. 왜냐하면 출생의 우연에 따라 특정 종교를 믿어야 한다는 일이 부당하다고 생각했고, 영국성공회에서 하는 '총고해' 성사에서 죽을 때까지 모든 이를 죄인이라고 여기는 교리에 반감을 품었기 때문이야. 이 주제로 친구들과 논의하던 도킨스는 원시적이고 단순한 구조에서 복잡한 수준으로 생물체가 스스로 진화할 수 있다는 다윈의 진화 이론이 설득력이 있다고 판단하고 결국 반종교주의자가 되었어. 그 뒤로 도킨스는 예배당에서 무릎 꿇는 행위를 거부하면서 자기의 신념을 표현했지.

 ## 옥스퍼드에서 '진정한 학자'로 성장하다

　기숙학교를 졸업한 도킨스는 1959년 옥스퍼드대학교의 베일리얼(Balliol)칼리지를 턱걸이로 입학하고 피터 브루넷 박사 밑에서 동물학을 전공했어. 옥스퍼드에서도 크리켓 선수로 뛰거나 연극 동아리의 친구들을 따라 연극을 보러 다니기도 하면서 대학 생활을 즐겼지.

　도킨스가 특히 마음에 들어했던 것은 대학 교육 시스템이었어. 옥스퍼드에서는 노예처럼 강의를 흡수하는 교육이 아니라 학생이 강의를 듣고 스스로 생각하는 교육을 강조했고, 교수가 개인적으로 학생을 지도해주는 '튜터 제도'가 잘 시행되고 있었어.

　강의는 생각을 고취하고 자극해야 한다. 훌륭한 강사가 내 눈앞에서 혼잣말처럼 중얼거리거나 어떤 생각에 도달하려고 애쓰고 가끔은 난데없이 나타난 멋진 생각을 잡아내는 광경을 구경하는 것이다. 그리고 학생들은 이런 모습을 모델로 삼아서 어떤 주제에 대해 생각하는 법과 그 주제에 대한 열정을 남에게 전달하는 법을 배운다.

리처드 도킨스 자서전 1 중

또 옥스퍼드의 시험 출제 범위는 다른 학교와 달리 대단히 광범위해서 한 학문 전체에 이르렀어. 도킨스의 경우에는 동물학 전 분야가 출제 범위였지. 수업에서는 주로 박사학위 논문을 읽고 종합 보고서를 내는 과제가 주어졌어. 옥스퍼드는 이러한 교육 방식을 통해 단지 지식을 받아먹는 노예가 아닌 한 명의 '진정한 학자'를 길러내고 있었던 거야. 심지어 아서 케인 박사의 강의는 동물학 교육과정과 거리가 먼 역사와 철학에 관한 내용을 다뤘지만, 이런 수업을 통해 도킨스는 자기 자신이 '진정한 학자'로 성장하고 있다는 것을 느꼈어. 그 뒤 계속해서 새로운 연구 주제를 만나면서 그의 생각의 깊이와 글 솜씨는 점점 늘어갔지.

 ## 동물행동학

도킨스는 개인적으로 유전학과 신경동물학 분야에 흥미가 있었어. 특히 학창 시절부터 동물에 관심이 많았지. 중고등학교 때는 양봉 클럽에 들어가 꿀벌을 기르면서 관찰하는 것을 즐겼는데, 한번은 손등에 벌이 침을 꽂고 뽑을 때까지 관찰하기도 했어. 꿀벌은 침을 꽂았다가 뽑는 과정에서 중요한 장기가 파괴돼. 도킨스는 일벌의 이런 이타적인 행동을 보면서 그 이유에 대해 궁금해했어.

이후에 동물행동학을 공부하면서 도킨스는 일벌들의 행동이 이기적 유전자의 관점에서 보면 합리적인 행동이었음을 알게 되지. 암컷 일벌들은 대부분 생식능력이 없기 때문에 친척인 여왕과 수컷들을 먹이고 돌보는 이타적인 행동을 함으로써 자신과 공유하는 유전자를 후대에 전달해.

즉 여왕벌을 목숨 바쳐 지킴으로써 자신들의 유전자를 자손에게 물려주는 거야. 이렇게 동물의 행동에 관심이 많았던 도킨스는 동물행동학의 창시자인 니콜라스 틴베르헌(Nikolaas Tinbergen) 교수에게 튜터 지도를 받고 '동물행동학'을 자기 인생의 연구 분야로 정하게 돼.

반전 시위

도킨스는 옥스퍼드에서 동물행동모델 연구로 석사학위와 박사학위를 받고 캘리포니아대학교 버클리(UC 버클리)의 조교수로 임용되어 학생들을 가르쳤어. 그런데 1960년대 미국에서는 베트남 전쟁이나 정부의 정책에 반대하는 시위가 많이 일어났고, 수업까지 중단될 정도로 격해지기도 했어. 도킨스도 같이 시위에 참여해 최루탄 가스를 마시며 이에 맞섰지.

리처드 도킨스

나중에 영국으로 돌아와 옥스퍼드에서 교수직을 맡게 되었지만, 그는 이후에도 반전시위를 계속 지지했어. 예를 들어 이라크 침공을 했던 조지 부시 전 미국 대통령에 대해서 도킨스가 〈가디언〉지에 게재한 기사를 보면 그의 반전 의식을 엿볼 수 있어. 이렇게 자신의 삶을 통해서 모범을 보였기 때문에 도킨스가 전 세계적으로 사랑받는 학자가 될 수 있었다고 생각해.

유권자들에게 다음의 질문으로 여론조사를 해주시기 부탁드립니다. '당신은 이라크 바그다드의 정권이 바뀌어야 한다고 생각하십니까? 아니면 미국 워싱턴의 정권이 바뀌어야 한다고 생각하십니까?

〈가디언〉지에 실린 도킨스의 사설 중

: 연구 성과 :

주의 임계값 모형

도킨스가 동물 행동학자로서 처음 연구했던 것은 병아리가 모이 쪼는 행동이었어. 병아리는 알을 깨고 나오자마자 주변에 보이는 작은 물체를 쪼기 시작해. 아무런 경험도 없는 상태에서 낱알을 쪼기 시작하는 것을 신기하게 생각한 도킨스는 이 행동을 연구 분야로 삼았지. 우선 병아리에게 그림자 방향에 따라 입체를 인지하는 본성이 있는지 알아보는 연구를 진행했어. 도킨스는 반으로 자른 탁구공에 빛을 비춘 모

도킨스의 논문 「주의 임계값 모형」

습을 사진으로 찍은 뒤, 그 이미지를 낟알만 한 크기로 인쇄했는데 그림자를 아래로 가게 하면 속이 찬 것처럼 보였고 위로 가게 하면 속이 빈 것처럼 보였어. 병아리들에게 그림자 방향을 다르게 해서 실험한 결과, 병아리는 그림자가 아랫부분에 있어서 속이 차 보이는 낟알 이미지의 사진을 더 선호한다는 사실을 알게 되었어.

도킨스는 이 행동이 태양 빛의 방향을 학습한 것인지 확인하기 위해, 병아리가 처음 알에서 나온 순간부터 빛을 아래쪽에서 비춰 그림자가 위쪽에 생기는 환경에서 키워진 병아리로도 실험을 했어. 그랬더니 알에서 나왔을 때부터 그림자가 위쪽에 생기는 낟알을 먹어온 병아리들조차 그림자가 아래쪽에 생겨서 튀어나와 있는 듯 보이는 낟알 이미지의 사진을 훨씬 더 선호했어. 이로써 병아리에게는 꽉 차 보이는 낟알을 쪼는 유전적 본성이 선천적으로 갖춰져 있다는 사실이 증명되었지.

도킨스는 병아리가 부리로 모이를 쪼는 행동의 횟수를 세면서 동물의 행동에 대해 연구했고, 1969년에는 「주의 임계값 모형Attention Threshold Model of choice behaviour」이라는 제목의 논문을 〈동물행동Animal Behaviour〉 저널에 게재했어. 그리고 이 실험을 통해 병아리가 쪼는 행동을 할 때 한 번에 한 가지 기준에만 주의를 쏟을 수 있고 그 기준의 종류(색깔, 모양, 크기, 위치 등)에는 우선순위가 정해져 있다는 사실을 알아냈어. 예를 들어 병아리들은 다른 어떤 것보다 '색깔'을 기준으로 모이를 선택해서 쪼는데 파란색, 초록색, 빨간색의 순서로 좋아했어. 병아리들은 '색깔'에 대한 욕구가 어느 정도 충족되면 그다음 우선순위인 '모양'이라는 기준에 따라 모이를 선별했지. 이렇듯 도킨스는 병아리가 쪼는 기준에는 순서가 정해져 있고, 앞 단계의 욕구 기준이 우선하여 일정 수위를 넘

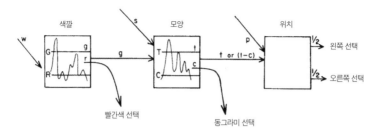

색깔   모양   위치

w

G   g

R   r

s

T   t

C   c

p

½   왼쪽 선택

½   오른쪽 선택

g

t or (1−c)

빨간색 선택

동그라미 선택

주의 임계값 모형(도킨스의 논문 중에서)

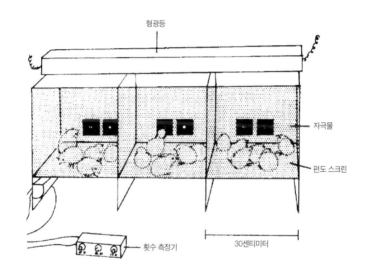

형광등

자극물

편도 스크린

횟수 측정기

30센티미터

주의 임계값 모형에 사용된 병아리의 쪼는 횟수 측정기

어선 경우에만 다음 기준을 고려하며 모이를 쪼는 반응을 한다는 것을 공식화해서 해석한 거야.

동물에게서 도출된 공식은 사람들의 행동 패턴을 파악하는 데 적용할 수 있어. 예를 들어 병아리의 파란색, 초록색, 빨간색 각각에 대한 선호도는 사람들이 정치에서 자유주의, 사회주의, 보수주의에 대해 투표할 때의 선호도로 적용해서 선거 결과를 추측해볼 수 있지.

당시 학계에서는 시각적으로 자신의 연구 결과를 보여주는 발표가 유행했는데, 도킨스는 취리히에서 열린 국제동물행동학회에서 고무관에 수은을 채워 '주의 임계값 모형'을 시각화하여 발표했어. 임계치를 지나는 것을 고무관에 수은이 차오르는 현상으로 표현하고, 병아리가 색깔에 따라 쪼는 행동을 색깔 전구가 켜지는 모형으로 설명했지. 학회에서 이 모형을 지켜본 미국의 조지 발로 박사는 도킨스를 캘리포니아대학교 버클리(UC 버클리)의 조교수로 추천했어. 도킨스는 그곳에서 '주의 임계값 모형'을 구체화시키는 연구를 계속 진행하다 옥스퍼드 뉴칼리지의 교수로 임용되어 영국으로 다시 돌아오게 되지. 그는 연구에 컴퓨터 프로그래밍 기술을 적용하곤 했는데, 동물이 언제 어떤 행동을 했는지 소리로 알 수 있는 '도킨스 오르간'이라는 프로그램을 직접 만들어 배포하기도 했어.

 ## 이기적 유전자

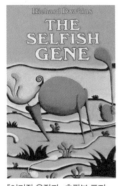

도킨스의 가장 중요한 업적인 『이기적 유전자』는 1976년 가을, 도킨스가 35세 때 출간되었어. 처음엔 무명 저자의 첫 책에 대해 매스컴에서는 별다른 보도가 없었지만 여러 학자들을 중심으로 긍정적인 반응이 일어나기 시작했지. 100여 명이 넘는 사람이 서평을 써주었고 이런 흐름을 타고 BBC의 다큐멘터리에도 나오면서 유명세를 타게 되었어.

『이기적 유전자』 초판본 표지

도킨스는 『이기적 유전자』에서 자연선택으로 살아남는 것은 개체나 집단이 아닌 '유전자'라는 사실을 대중이 쉽게 이해할 수 있도록 많은 비유를 통해 풀이했어. 극락조의 구애 과정에 대해서 언급한 부분을 예로 들수 있는데, 동물의 시스템이 안정 상태가 되면 암컷 중에서 6분의 5가 조신한 유전자를 갖고 수컷 중에서 8분의 5가 가정에 성실한 유전자를 갖게

된대. 이때 수컷 극락조들은 조신한 유전자를 가진 암컷의 마음을 사로잡으려고 더 화려하게 치장한다고 해. 왜냐하면 포식자 눈에 잘 띄는 위험 속에서도 살아남았다는 것으로 강함을 과시하는 거지.

조신한 유전자를 가진 암컷 극락조는 가정에 성실한 수컷인지 알아보기 위해 철저히 검증하는데 새끼를 키우는 행위가 에너지를 많이 쓰는 매우 힘든 작업이기 때문이야. 암컷은 수컷으로 하여금 긴 구애 기간을 성실

수컷 극락조

히 기다리게 하면서 이 수컷이 새끼를 같이 키우는 가정적인 수컷인지 아니면 거짓으로 강한 척하는 수컷인지 확인하기 위해 먹이나 집을 마련하도록 주문하지. 도킨스는 암컷과 수컷의 이러한 구애 전쟁이 개체의 판단으로 하는 것이 아니라, 암컷 유전자가 우량한 수컷 유전자의 증거에 따라 수컷을 선택하는 것이라고 비유적으로 표현하고 있어.

극락조의 배우자 선택 행동을 인간에게도 적용해보면, 여성들이 자신의 배우자를 고를 때 건강하고 능력이 있으며 가정의 행복을 우선시하는 남성을 선택하기 위해 노력하는 과정도 유전자의 선호도에 따른 결과라

는 것을 알 수 있어. 도킨스는 이를 유전자의 입장에서 득과 실을 수치화시켜 대중이 이해하기 쉽게 설명했어. 우선 자식을 기르는 것은 에너지가 많이 드는 과정으로 여성과 남성 모두에게 -10 정도의 손해를 입히게 돼. 하지만 그 행위가 +15 정도의 유전자 번식의 의미가 있기 때문에 유전자는 계산 끝에 +5 정도의 이득이 있다고 판단하는 거지. 그 결과 남성과 여성에게 자식을 기르는 힘든 과정을 이겨내고 자기 유전자를 다음 세대에 전하라고 주문하는 거야. 이런 방식으로 도킨스는 '이기적 유전자'를 통해서 동물행동의 분석 결과를 인간에게 수치화시켜 적용할 수 있게 만들었어. 인간도 동물의 한 종으로서 유전자의 운반자로 존재할 따름이란 사실을 증명한 거지.

도킨스가 『이기적 유전자』라는 책을 통해 우리에게 전하고자 했던 사실은 크게 2가지야.

첫 번째, 자연선택이 작동하는 수준이 개체가 아닌 유전자 단위라는 사실이야. 도킨스는 유전자에 대해 미국의 진화 생물학자인 G.C. 윌리엄스 (George Christopher Williams)의 정의를 빌려서 사용했는데, 유전자를 '염색체 물질의 일부로서 자연선택의 단위 역할을 하기에 충분할 만큼 오랜 세대에 걸쳐 존속할 수 있는 이기주의의 기본단위'로 규정했어. 여기에서 나온 '자연선택'이란 다윈의 진화론에 쓰인 개념으로 '환경 변화에 가장 잘 적응(adaptable)할 수 있는 종이 선택되어 살아남는다'는 의미이지.

자연선택이 일어나기 위해서는 3가지 조건이 필요한데 다산성(多産性), 장수, 복제의 정확도야. 다산성은 그 실체가 많이 있어야 한다는 뜻이고, 장수와 복제의 정확도는 오랜 기간 바르고 확실하게 복제되어 생존할 수 있어야 한다는 것을 뜻해. 유인원의 계통에서 '호모 사피엔스'라는 종이 나오기까지도 약 500만 년이라는 상당히 긴 시간이 필요했던 것처럼, 진화로 새로운 종이 탄생하기 위해서는 정말 오랜 시간 동안 수많은 개체들이 자연선택 단계에서 사라지는 과정이 필요한 것이지. 그렇다면 자연선택의 단위 역할은 어떤 수준에서 작동할까? 한 개체 수준일까? 아니면 유전자 단위 수준일까?

우리 인간은 자기 자신이 생각할 때 '나'는 충분히 독립적인 존재로서 자연선택의 단위로서 작용한다고 생각하지만, 이것은 잘못된 생각이야. 왜냐하면 '나'라는 존재의 실체가 하나밖에 없어서 자연선택을 통해 진화가 일어나기 위한 다산성의 조건을 만족시키지 못해. 그리고 '나'라는 존재는 기껏해야 100년이라는 짧은 시간 뒤에 사라지게 되어 장수의 조건도 충족시키지 못하지. 또 자식을 남기더라도 정확한 복제가 일어났다고 볼 수 없어. '나'의 자식은 절반, 손자는 4분의 1밖에 나를 닮지 않을 것이고, 세대가 거듭될수록 '나'라는 존재는 아주 작은 부분밖에 남지 않기 때문이지. 그러므로 인간이라는 개체는 '자연선택'의 단위가 될 수 없다고 봐야 할 거야.

인간이라는 개체가 덧없이 사라져버리는 존재인 데 반해, 유전자는 수십만 년에서 수백만 년이라는 오랜 기간 동안 정확하게 복제되어 살아갈 수 있어. 인간이라는 수많은 그릇(유전자 운반체)을 이용해 세대가 지나도 그 그릇을 바꿔가면서 파괴되지 않고 꿋꿋이 자연선택의 단위로 작동할 수 있는 거지. 예를 들어 하디-바인베르크의 법칙(Hardy-Weinberg principle)에 나오는 혈액형 유전자의 경우를 살펴볼까? 하디-바인베르크의 법칙은 '의도적으로 유전적 변형을 주지 않는 한, 대를 거듭해도 유전자의 빈도(비율)는 변하지 않는다'는 것이야. 아무리 세대가 바뀌어도 A, B, O형의 혈액형 유전자의 빈도는 변화 없이 평형상태를 유지하며 계속 존재하는 것을 구체적인 사례로 볼 수 있지.

우리는 유전자의 생존 기계다. 우리는 목적을 완수하고 나면 버려진다. 그러나 유전자는 지질학적 시간의 거주자다. 유전자는 영원하다.

리처드 도킨스 자서전 1 중

하지만 이렇게 불멸이라 여겨지는 유전자들도 자연선택에서 살아남기 위해 서로 대립하며 경쟁하고 있어. 도킨스는 유전자의 자연선택 과정을 조정 선수 선발 과정에 비유했어. 만약 8인 1조가 되어 벌이는 조정 경기를 통해 800명의 선수 중에서 가장 훌륭한 조정 선수를 골라내고 싶을 때 조정 능력을 한 사람씩 따로 떼어 비교할 수 없다면 어떻게 경쟁을 시켜야 할까? 아마 무작위로 여러 가지 조합을 만들어 8명씩 계속 시합을 시킨 다음 기록이 좋은 조에 많이 속해 있던 조정선수를 가장 경쟁력 있는 선수로 고르겠지? 이 훌륭한 선수를 우수한 유전자로 빗대어 생각해보면, 무작위로 복제되어 자연선택을 이겨내고 많이 살아남을 때 우수하고 경쟁력 있는 유전자로서 자손을 후대에 전한다고 볼 수 있어.

또한 유전자는 운반자인 개체가 처한 환경에 따라서 사라지기도 해. 날카로운 이빨을 발현시키는 데는 아무리 뛰어난 유전자라 하더라도 육식동물이 아닌 초식동물에게서 발현된다면, 그 능력을 제대로 발휘할 수 없기 때문에 사라지게 되는 거야. 이처럼 유전자는 자연선택에 의해 없어지기도 하고 돌연변이가 일어나 변형되기도 하지만, 대개 이러한 변화는 오랜 시간이 지나면서 일어나. 즉 유전자는 웬만해서는 사라지거나 파괴되지 않는다는 것이지. 도킨스는 이러한 증거들을 바탕으로 자연선택에서 선택되는 단위가 인간이라는 개체가 아니라 DNA에 있는 '유전자'라는 발상 전환을 이끌어냈어. 유한한 개체들 속에 머물면서 단지 생존만을 목적으로 하는 '이기적 유전자'야말로 불멸의 존재이며, 인간이라는 '도구'에 주어진 가장 큰 사명은 이 불멸의 유전자를 후대에 전달하는 것이라고 답을 찾은 거야.

두 번째로 도킨스가 『이기적 유전자』를 통해 우리에게 전하고자 했던 사실은 '밈(meme)'의 존재야. 밈이란 모방을 통해 한 사람의 뇌에서 다른 사람의 뇌로 전달되는 문화 전달의 단위 요소를 말해. 마치 DNA 속의 유전

1940년대 밈의 예시. 다양한 문화에서 변형되어 사용되었다.

자가 우리 몸을 이용해 자손의 몸에 전달되며 영원히 살아가듯이 밈은 모방이나 학습을 통해 다른 사람의 뇌로 전달되는 것이지. 우리 몸에 유전자(gene)가 있는 것처럼 문화 전달 과정에서도 문화 유전자인 밈(meme)이 있다고 생각하면 이해하기 쉬울 거야.

어른 침팬지에서 아이 침팬지로 도구 사용의 문화가 전수된다는 제인 구달의 연구를 볼 때, 유인원 발생 초기부터 인류의 밈이 존재했다고 볼수 있어. 밈에 대한 실제적인 예를 인간 사회에서 찾아보면 힙합이라는 장르의 밈이 1970년대 미국 뉴욕 거리에서 탄생했고, 이 힙합 문화 유전자 밈은 여러 힙합 뮤지션들의 뇌를 통해서 2000년대까지 살아서 전해져오고 있어. 즉 문화에 대한 사고방식이 우리 몸의 유전자처럼 우리 머릿

속에 밈의 형태로 전달되고 있는 거지.

밈은 인류 초기에는 소리와 행동으로 문화를 전달해왔고, 문자가 발명된 이후에는 말과 글이라는 효과적인 밈 설계도를 통해 문화를 전달해왔어. 혹시 언어가 우리의 문화와 사고에 많은 영향을 주고받는다는 사실을 알고 있니? 학자들에 의하면 사용하는 언어에 따라 개인의 성격까지도 달라진다고 주장해. 예를 들면 한국어와 영어를 둘 다 쓸 줄 아는 사람은 한국어를 쓸 때와 영어를 쓸 때 성격이 조금 달라지는 거지.

이를 밈의 관점에서 해석해보면 유전자가 우리의 표현형(생물 겉으로 명확히 보이는 형질)에 영향을 미치듯, 언어라는 밈 전달 도구는 개개인의 성격에 영향을 미치는 거야. 그리고 미디어나 책 등은 밈의 염색체와 같이 정보 조각들을 모아서 전달하는 역할을 한다고 볼 수 있어. tRNA가 염기서열 정보의 변환을 통해 아미노산 생산에 관여하듯 우리의 인식체계가 책과 미디어 정보의 변환을 통해 문화를 만드는 과정에 기여하는 것으로 생각할 수 있지. 또 음악가가 불현듯 뇌리에 스친 영감으로 작곡을 하고, 작가들이 갑자기 떠오른 아이디어로 글을 쓰는 과정은 돌연변이에 의해 밈이 새롭게 탄생한 것이라고 볼 수 있어. 우리의 몸은 유전자의 설계도대

밈(Meme)	유전자(Gene)
언어	DNA
미디어와 책	염색체
뇌, 의식	tRNA
문화 형성	단백질 및 신체 조직
창의적인 생각	돌연변이
문화 전달자로서의 인간	유전자 전달자로서의 인간

로 만들어지고 우리의 의식은 밈의 설계도대로 문화를 전달 받는 존재인 거야.

이렇게 밈의 관점에서 본다면 지식인들, 예술인들이 특출난 재능이나 업적을 이룩한 것처럼 보여도 그것은 결국 그들이 밈을 통해 받은 것이라고 할 수 있어. 그러므로 재능으로 획득한 권력을 남용하거나 독점하는 것은 바람직하지 못하고, 공유하고 나눠주면서 문화 유전자를 전달하는 것이 자연스러운 현상이라고 해야겠지.

모든 동물은 자신이 어떤 존재였는지 흔적을 남긴다. 인간만이 자기 자신이 창조한 흔적을 남긴다.

야코프 브로노프스키(폴란드의 인문학자, 수학자)

 ## 과학의 대중적 이해

도킨스는 1970년부터 1990년까지 옥스퍼드대 동물학부에서 동물행동학을 가르치는 교수로 재직했고, 그사이 『이기적 유전자』를 비롯해 12권의 책을 저술했어. 또 강연을 많이 다니면서 대중에게 과학 개념을 쉽게 전달하기 위해 노력했지. 도킨스가 저술과 강연 활동을 하는 목적은 '과학의 대중적 이해'였는데, 1995년에는 옥스퍼드대에서 '과학의 대중적 이해를 위한 찰스 시모니 석좌교수직'에 임명되면서 과학 대중화에 더욱 앞장설 수 있었어.

한편으로 도킨스는 진화 백과사전이나 박애주의 잡지의 편집장으로도

2012년 '인류에 대한 봉사상'을 받은 리처드 도킨스

활동했어. 그 공로로 마이클 패러데이 상(1990), 과학에 대한 저술에 수여하는 루이스 토머스 상(2006), 영국 갤럭시 도서상 올해의 작가상(2007), 과학의 대중적 이해를 위한 니렌버그 상(2009), 인류에 대한 봉사상(2012) 등여러 큰 상들을 받아 이 시대의 석학으로 자리매김하고 있어.

과학의 이해에서 '이해'란 대중으로 하여금 추상적 세계와 자연계에 숨어 있는 질서와 아름다움을 음미하도록 하는 것이다. 과학자들이 최고로어려운 수수께끼를 만났을 때 느끼는 흥분과 경외감을 공유하도록 하는것이다.

리처드 도킨스 자서전 2 중

『이기적 유전자』가 처음 세상에 알려졌을 때, 학계에서는 이를 무시했어. 1970년대 당시 동물 행동학계에는 '수리 집단유전학'이라는 학문이 주류를 이루고 있었는데, 방정식이나 식이 없는 경우에는 이론적 가치가 없는 것으로 생각하는 경향이 있었거든. 동물 행동학자들은 수식이 없는 도킨스의 이론을 별 볼 일 없는 잡설이라고 깎아내렸던 거야. 하지만 학계의 반응과는 대조적으로 대중의 반응은 뜨거웠어. 오히려 수식이 없어서 대중이 도킨스의 생각에 더 쉽게 접근할 수 있었지. 도킨스는 수식이 필요한 경우가 아닌데 억지로 쓰는 것은 학자들이 자기들의 지위를 빼앗기지 않으려고 하는 권위적인 태도라고 생각했고, 학계의 차가운 반응에도 신경 쓰지 않고 자신의 소신을 지켰어.

시간이 지나면서 『이기적 유전자』는 새롭게 유입되는 젊은 생물학자들에 의해 재조명되었어. 이들은 『이기적 유전자』를 읽고 다윈의 자연선택설을 해석하는 도킨스의 논리를 지지했어. 도킨스의 이론은 동료 연구자들뿐만 아니라 진화생물학, 생태학, 행동학, 인류학과 같은 다른 분야의 연구자들에게 많은 영향을 미쳤어. 예를 들면 이전까지는 전염병이 퍼졌을 경우에 그 병에 걸린 숙주 동물에만 관심을 쏟았지만, 이젠 숙주의 유전자를 연구 대상으로 바라보며 문제를 해결하기 시작했어. 이렇듯 『이기적 유전자』를 통해 다윈의 이론이 동물학뿐만 아니라 다른 학문 분야에까지 확대 적용되면서 생물학계는 도킨스의 업적을 인정하지 않을 수 없었어.

도킨스가 『이기적 유전자』를 통해 생물학계에 미친 영향은 크게 세 가지를 들 수 있어.

첫째, 앞서 이야기한 것처럼 다윈의 자연선택 이론이 적용되는 수준을 유전자의 수준으로 바꿨다는 점이야. 그전까지 많은 생물학자들은 DNA가 생물 개체 번식을 위해 쓰이는 단순한 도구라고 생각해왔어. 하지만 도킨스는 이와는 반대로 개체들이 DNA를 운반하는 도구라고 주장한 거지.

인간을 단지 유전자의 운반자로만 여기는 도킨스의 관점은 생물학계에 큰 반향을 일으켰고 처음에는 쉽게 받아들여지지 못했어. 그동안 인간의 입장에서만 바라보는 것에 익숙해 있었고, 그것을 넘어선 초월적 시공간 관념을 인지하는 데는 서툴렀기 때문이야. 다시 말해 기껏해야 백 년밖에 못 사는 인간들이 유전자의 시간 단위인 몇백만 년이라는 시간에 대해 감을 잡는 게 어려웠던 거지. 하지만 도킨스의 생각은 『이기적 유전자』와 함께 생물학자들을 포함한 대중의 관점을 차차 바꿔 나갔어.

둘째, 유전자에 이기성을 부여한 점이야. 왜 유전자를 이기적이라고 표현했을까? 우리가 자기의 안위만을 걱정하는 사람을 '이기적'이라고 하는 것처럼 유전자도 자기의 존재 유지, 복제만을 생각하기 때문에 '이기적(selfish)'이라는 형용사를 붙인 거야. 유전자에 생각하고 판단하는 뇌가 있는 것은 아니지만 마치 이기적으로 판단하고 행동하는 것처럼 의인화함으로써 유전자가 자신의 생존을 극대화하려 한다는 것을 대중이 더 쉽게 이해할 수 있게 했지.

자연선택은 오로지 하나의 효용만을 극대화한다. 그것은 바로 유전자의 생존이다.

리처드 도킨스 자서전 2 중

그러면 DNA는 왜 자기 자신의 복제만을 목적으로 삼고 그 목적을 위해서만 전략을 짜는 이기적인 존재가 되었을까? 그리고 DNA는 생식세포인 정자나 난자에 존재하기만 해도 후대에 유전자가 전해질 텐데, 왜 쓸데없이 모든 세포마다 존재하는 것일까? 그 이유는 원시 바다에서부터 자신의 DNA를 복제해왔기 때문이야. 우리 몸의 세포 하나하나도 사실 원시 상태였으면 각각 다른 개체로 존재해왔을 것이고, 각 개체의 세포들은 자신의 DNA를 후대에 전달하고 싶었을 거야. 그렇지만 세포들은 혼자 있을 때보다 여럿이 모여 생존전략을 펼 때 살아남을 확률이 더 커지기 때문에 어쩔 수 없이 한 개체에 같이 올라타 있는 것뿐이지.

DNA의 이기적인 특성을 극명하게 보여주는 예가 있는데, 운반자의 죽음을 적어도 번식 이후로 미루는 전략을 쓴다는 거야. DNA는 자기복제에만 관심이 있기 때문에 개체가 어릴 때는 되도록 죽지 않도록 개체를 죽이는 치사유전자를 없애주지만, 개체가 늙어서 더는 번식능력이 없어지고 자기의 DNA 복제 운반자로 기능할 수 없게 되었을 때는 치사유전자가 생기더라도 별로 신경 쓰지 않아. 운반자가 번식할 수 없을 때 가차 없이 버리는 것을 보면 정말 이기적이라고 표현할 수밖에 없을 것 같아.

유전자는 어떤 의미에서 불멸이다. 유전자는 세대를 거치면서도 계속 살아남고, 부모에게서 자식으로 전달될 때마다 뒤섞인다. 동물의 몸은 유전자가 임시로 머무는 장소일 뿐이다. 유전자가 그 이상 생존하려면, 최소한 동물이 번식할 때까지는 그 몸이 생존해주어야 한다. 그래서 유전자가 다른 몸으로 전달되어야 한다. 유전자는 자신에게 필요한 집을 스스로 짓는다. 그 집은 일시적이고 유한하지만, 유전자에 필요한 기간만큼은 충분히 효율적이다. 그러니 만일 우리가 '이기적'이라느니 '이타적'이라느니 하는 표현을 쓸 수 있다면, 신다윈주의적 정통 진화 이론이 기본적으로 예상하는 바는 유전자가 '이기적'이라는 것이다.

리처드 도킨스 자서전 1 중

이처럼 유전자는 자신의 생존을 최우선으로만 여기면서 운반자인 인간들을 조정해. 그렇다면 이기적 유전자를 가지고 있는 인간도 이기적인 존재일 수밖에 없는 것일까? 모든 것이 유전자와 밈에 의해 결정된 것처럼 보이고 이기적 유전자를 가지고 있기 때문에 인간도 이기적인 존재로 확장해서 적용될 것처럼 보이지만, 오히려 진정한 이기주의는 협동과 이타적인 행동을 필요로 해. 배에 타고 있는 선원들이 폭풍 속에서 협동하고 이타적인 행동을 하는 것이 살아남을 가능성을 높이는 행동인 것처럼 말이야. 도킨스는 더 나아가서 교육의 목표가 인간이 이타적이고 협동적인 행동을 할 수 있는 것에 더 초점을 맞춰야 한다고 역설적으로 주장하고 있어. 그렇게 함으로써 유전자와 밈에 의해 결정된 것들에 대항할 힘을 기를 수 있다는 말이지.

셋째, '확장된 표현형(extended phenotype)'이라는 개념을 소개했다는 점이야. 기존의 생물학계에서는 유전자가 한 개체의 내부에만 영향을 미쳐 표현형(생물 겉으로 명확히 보이는 형질)으로 발현된다고 생각했어. 하지만 도킨스는 유전자가 개체 내부뿐만 아니라 개체의 외부에까지 그 영향력을

돌을 이용하는 날도래 유충　　　　나뭇가지를 이용하는 날도래 유충

미친다고 설명했어. 예를 들어 '날도래' 유충은 본능적으로 자기 집을 짓는데, 이때 자신이 분비한 물질로 집을 짓는 달팽이나 소라와는 달리 주위의 작은 나뭇가지나 돌 조각을 모아 갑옷처럼 두를 수 있는 집을 지어. 이 전략은 환경에 적극적으로 적응하도록 자연선택을 통해 진화해온 결과로, 유전자가 유도한 것이라고 할 수 있어. 즉 날도래 유전자는 외부의 물자라도 영향력을 확장해서 자신을 운반하는 개체의 몸을 보호할 구조물을 만드는 거야.

흡충류

　다른 생물에게까지 유전자가 영향을 미치는 또 다른 예로 흡충류를 들 수 있어. 흡충류는 달팽이에 기생하면서 달팽이가 껍질을 필요 이상으로 두껍게 만들도록 달팽이의 유전자를 변형시켜. 달팽이가 껍질을 두껍게 만드는 행위는 정작 달팽이에게는 별로 도움이 되지 않아. 에너지와 칼슘이 더 많이 소비되어 제대로 번식하지 못하기 때문이야. 하지만 달팽이가 껍질을 두껍게 만들면 흡충류의 유전자는 더 안전하게 운반되어 이득이 되지. 결국 이런 전략을 쓰는 흡충류가 자연선택의 결과 살아남았고, 그 유전자가 복제되어 전해져 온 거야.

도킨스는『이기적 유전자』를 통해 대중에게 유전자의 본성에 대해 알려 주었어. 동물행동학과 사회생물학(모든 생물의 사회적 행동을 유전자의 자연선택으로 해석하는 학문) 분야에 대한 대중의 관심을 불러일으키고 인간을 포함한 동물들의 행동을 유전자의 관점에서 해석했지. 그 결과, 유전자의 본성에 따라 인간의 행동을 분석하고 이타주의까지도 유전자가 운반자를 통해 자신의 이익을 도모하려는 전략에 불과하다는 새로운 해석을 우리에게 보여주었어.

또 밈이라는 용어를 정의함으로써 대중이 '인터넷 밈(internet meme)'이라는 말을 사용할 수 있는 기반을 마련했어. 외국의 경우 인터넷에 밈이

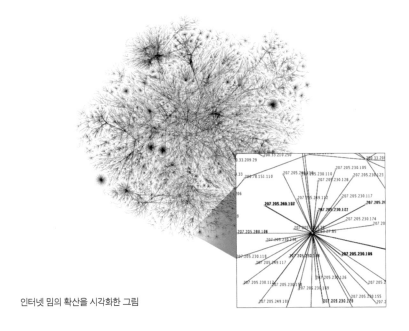

인터넷 밈의 확산을 시각화한 그림

라는 용어가 자주 사용되고 있는데, 도킨스에 의해 종교나 문화 요소로 언급되었던 밈의 존재가 인터넷 영역에까지 퍼진 것이지. 인터넷 밈은 주로 인터넷에서 유행하는 이미지나 영상들을 지칭하는데, 한국의 경우 중독성 있는 이미지인 '짤방'이나 '움짤'을 예로 들 수 있어. 인터넷이라는 환경은 복제가 무한정 가능하고 변형도 쉽게 할 수 있어서 이렇게 새롭게 창조된 밈은 소셜 네트워크 서비스(SNS)를 통해 급속도로 확산되어 나가게 돼.

: 생각해볼 문제 :

동물들의 전략

동물들이 왜 무리를 지어서 사는지 생각해본 적 있니? 도킨스의 논리에 따르면 무리를 지어 사는 것이 생존에 유리하다고 유전자가 판단했기 때문이야. 예를 들어 코끼리 떼는 포식자가 나타났을 때 서로 등을 맞대고 대응해서 적에게 노출되는 몸의 표면적을 최대한 줄여. 이 때문에 등 뒤에서의 공격을 피하면서 적에게 효과적으로 대응할 수 있지. 이 전략은 인간 사회에서도 찾아볼 수 있어. 중국 진나라 때 백병전(칼이나 창 같은 무기를 들고 직접 몸으로 맞붙어 싸우는 전투)에서 '오(五)'라는 5명의 그룹을 만들어 등을 보이지 않으면서 적의 공격에 효율적으로 대처할 수 있었어.

또 다른 예로 철새들이 V자 모양으로 날아가는 전략을 들 수 있어. 철

새들은 먼 길을 날아갈 때 제일 앞에서 비행하는 리더 새가 공기저항을 가장 많이 받고 힘들기 때문에 리더가 지치면 다음으로 경험 많고 힘센 새의 순서로 리더를 교체하는 전략을 취해. 이것 역시 유전자에 의해 선택된 전략으로, 인간 사회에서도 찾아 볼 수 있어. 인간 사회에서는 정치적으로 한 사람의 왕에게만 권력이 집중되는 왕권 사회보다 힘든 리더들을 교체해주는 민주주의 사회가 장기적으로 더 이득이 되기 때문에 현재 대부분의 나라에서는 민주주의를 채택하고 있지. 실제로 민주주의 국가들은 왕권 국가나 공산주의 국가들과의 전쟁에서 승리하면서 그 시스템의 효율성을 증명했어. 어쩌면 유전자가 시키는 동물들의 생존 전략이 가장 효율적인 것이면서도 인간 사회에 적용되었을 때 강력한 효과를 발휘할 수 있는 것이 아닐까?

4차 산업 시대의 교육

도킨스는 옥스퍼드대에서 여러 학문 분야를 접하고 다양한 관점에서 동물행동학을 바라보는 연습을 통해 한 명의 '진정한 학자'로 성장했어. 4차 산업 시대에는 이렇게 학생들의 생각을 자극하는 교육 방식이 더욱 절실히 필요해. 단지 기억된 정보를 찾는 능력은 인간보다 로봇이나 인공지능이 더 뛰어나기 때문이야.

우리가 다양한 관점에서 창의적인 생각을 도출해내고 로봇이나 인공지능과 차별된 능력을 개발하지 못한다면 인류는 새로운 시대에 적응하지 못한 종으로서 자연선택의 결과, 인공지능에 패배하고 도태될 수도 있어. 어쩌면 인류가 '인간 동물원'에서 사육 당하는 암울한 미래가 찾아올 가능성도 있지.

변화하지 않는 종은 멸종한다.

찰스 다윈

파레토의 법칙

도킨스는 동물사회학적 관점에서, 갈매기들이 시간에 지남에 따라 10퍼센트는 도둑질로 먹고 살고 90퍼센트는 제대로 된 사냥을 통해 먹고 살게 되는 현상을 설명해주었어. 만약 너희들이 갈매기라면 어떻게 사는 것을 택할 것 같아? 아마 힘 안 들이고 먹이를 획득하며 사는 편한 방식을 택하고자 하겠지? 갈매기의 경우도 마찬가지였어. 실제로 갈매기를 대상으로 한 실험에서 90퍼센트의 갈매기들이 도둑질하면서 편하게 먹이를 얻으며 사는 생활을 선택했고, 10퍼센트의 갈매기만이 성실하게 사냥하며 살아갔어.

그런데 이런 상황이 계속되면 어떻게 될까? 90퍼센트의 갈매기들은 계속 편한 생활을 할 수 있을까? 의외의 결과가 나오게 되는데, 90퍼센트의 도둑 갈매기보다 10퍼센트의 성실한 갈매기의 생존율이 더 높아지는 현상이 일어나. 왜냐하면 10퍼센트의 성실한 갈매기는 적어도 굶어 죽진 않는데, 90퍼센트의 도둑 갈매기 중에서는 먹이를 빼앗지 못하고 굶어 죽는 경우가 많이 생기기 때문이지. 그래서 대다수 갈매기가 다시 사냥해서 살아가는 전략으로 돌아가거나 죽어서 사라지게 돼. 결국 남의 먹이를 빼앗는 10퍼센트의 도둑 갈매기와 성실히 살아가는 90퍼센트의 사냥 갈매기 비율로 다시 평형상태를 이루게 되지.

한편 인간 사회에서도 이와 비슷한 관계를 찾아볼 수 있어. 인간 사회는 20퍼센트의 부자인 사람들과 80퍼센트의 부자가 아닌 사람들로 평형을 이루고 있어. 도둑 갈매기가 성실한 사냥 갈매기의 먹이를 빼앗는 것처럼 부자들이 나머지 사람들의 노동력을 착취한다는 것으로만 볼 때, 20 퍼센트의 부자가 존재하는 것은 자연에서 10퍼센트가 존재하는 것보다 다소 많다고 해석할 수도 있어. 하지만 이 비율에서의 맹점은 도둑 갈매기는 전체 개체 수의 10퍼센트에 해당되는 상태에서 전체 먹이의 10퍼센트만큼을 필요로 하지만, 인간 사회에서는 20퍼센트에 해당하는 부자들이 전체의 80퍼센트의 자원을 차지하고 있다는 점이야. 이러한 현상을 '파레토의 법칙', 또는 '80:20 법칙'이라고 해. 대표적인 예로 전 세계의 부와 자원을 20퍼센트에 해당하는 선진국들이 80퍼센트를 쓰고 있고, 나머지 80퍼센트의 나라들이 전체의 20퍼센트를 쓰고 있는 현상을 들 수 있어.

이러한 부와 자원의 분배는 자연 상태에서 보면 극히 부자연스러운 현상이라는 것을 알 수 있어. 일부의 국가나 사람에게 부와 자원이 비정상적으로 과잉 공급 되고 있기 때문이지. 자연 상태에서 도둑 갈매기가 착취만 하려다가 결국에는 굶어 죽으면서 일정한 평형상태를 찾아가는 것처럼, 인간 사회에서도 20퍼센트의 부자들이 자원 분배를 생각하지 않고 지나치게 착취하려고만 한다면 그 사회는 균형이 깨져 시스템 자체가 무너져버릴지도 몰라.

무신론? 불가지론?

종교계에선 도킨스를 무신론자라 비난하곤 하는데, 도킨스 자신은 다윈과 마찬가지로 '무신론자'가 아닌 '불가지론자'라고 주장해. '무신론자'는 신은 없다고 확실하게 믿는 자들이고 '불가지론자'는 신의 존재를 우리 인간의 지성으로는 알지 못한다고 주장하는 사람이지. 신이 존재하지 않는다고 확신하는 무신론자와는 달리, 불가지론자는 우리가 신이 존재하지 않는다고 확신할 순 없다고 주장해.

그런데 도킨스는 신에 대해 우리가 알 수 없다는 입장을 취한 것과는 달리, 종교에 대해서는 강하게 반대하며 대립각을 세워. 공개적인 토론회에 나가서 종교가 없는 편이 낫다고 주장하기까지 했으니 '반종교주의자'라는 호칭이 맞는 것도 같아. 그는 종교적 권위나 압박으로 개인의 자유를 억압하는 것은 부당하며, 특히 인류는 기독교니

강연 중인 리처드 도킨스

이슬람교니 하는 종교 차이로 전쟁을 일으켜 개인의 자유와 생명을 빼앗는 행태에서 벗어나야 한다고 주장했어.

개인적으로 이런 다툼이나 전쟁은 종교인들이 사랑이나 자비와 같은 진정 추구해야 할 올바른 가치를 상실했을 때 일어난다고 생각해. 그러니 도킨스와 같은 반종교주의자들에 대해 무작정 비판할 것이 아니라 종교인들이 먼저 발벗고 다툼과 전쟁을 막고, 인류를 위해 공헌하는 데 앞장서려는 노력을 통해 종교의 존재 이유를 증명할 필요가 있다는 거지. 존 레논의 노래 「Imagine」의 가사를 읽어 보며 이 문제에 대해 마무리하는 것도 좋을 것 같아.

Imagine there's no countries

국가가 없다는 것을 상상해보아요

It isn't hard to do

어렵지 않을 거예요

Nothing to kill or die for

그것을 위해 죽이거나 죽을 필요가 없지요

No religion too

종교도 마찬가지예요

Imagine all the people living life in peace

상상해보아요, 모든 사람이 평화 속에서 살아가는 모습을

유전자의 힘

도킨스는 자신의 자서전 끝부분에서, 한 인간이 성인이 되었을 때의 능력과 성향에 유전자가 얼마나 기여하는지 알아볼 필요가 있다고 언급했어. 그 과정에서 "만약 히틀러가 다른 환경에서 자랐다면 사악한 광기를 가진 지도자의 탄생을 막을 수 있었을까?"라는 질문에 대한 자신의 고민을 적었지.

유전학자들은 유전자 속에 성격이나 능력이 정해진 채 주어지기 때문에 히틀러가 아무리 다른 환경에서 자라났어도 자기의 선천적 유전자의 힘에 이끌려 제2차 세계대전을 일으켰을 것이라고 볼 거야. 『브라질에서 온 소년들』이라는 추리소설을 보면, 나치 잔당 세력이 실제로 히틀러의 유전자를 가지고 복제 인간을 여러 명 만들어 세계 곳곳에 입양시킨 뒤 실제 히틀러의 경우처럼 성장시키고자 아이들이 열 살이 되었을 때 모든 아이의 아버지들을 살해했어. 소설에서는 주인공인 탐정이 이 계획을 파헤쳐 실험을 막았기 때문에 복제 소년들이 히틀러로 성장하지 않는

결말로 끝났지만, 유전자의 힘을 안다면 상상만 해도 무서운 시도임에는 틀림없어.

도킨스는 이 문제에 대해서 어느 정도 유전학자들과 의견을 같이하고 있어. 한 인간의 성공이나 실패의 일정 부분이 유전자에 의해 결정되어 있다고 보는 것이지. 여러 학자의 '시선'을 좇아서 과학자들이 생각하는 방법을 배우고 싶다는 목적을 가지고 이 책을 읽었다면 어느 정도 이 글을 쓴 의도와 목적이 맞아떨어졌을 거라고 생각해. 하지만 도킨스의 관점에서 보면, 책을 읽는 것으로 생물학자나 과학자처럼 되기에는 무리가 있다고 봐야겠지. 생물학자나 과학자로서 필요한 유전자를 가지고 있지 않으면 성공한 생물학자나 과학자가 되기 힘들다고 보기 때문이야. 물론 이런 생각은 도킨스 같은 학자의 이론에 따른 것이므로 낙담하거나 책을 멀리할 필요는 없어. 생물학자나 과학자가 아니더라도 각자가 가진 고유한 유전자가 이끄는 분야에서 창의적인 사고를 하는 데 도움을 받을 수 있을 테니 말이야.

도킨스의 결정적 시선

★ 자기 연구에 대한 확신

도킨스는 수식이 필요한 경우가 아닌데 억지로 쓰는 것은 학자들이 자기들의 지위를 빼앗기지 않으려고 하는 권위적인 태도라고 생각했고, 학계의 차가운 반응에도 신경 쓰지 않고 자신의 소신을 지켰어.

★ 대중적 관심을 불러일으킴

도킨스가 저술과 강연 활동을 하는 목적은 '과학의 대중적 이해'였는데, 1995년에는 옥스퍼드대에서 '과학의 대중적 이해를 위한 찰스 시모니 석좌교수직'에 임명되면서 과학 대중화에 더욱 앞장설 수 있었어.

> 과학의 이해에서 '이해'란 대중으로 하여금 추상적 세계와 자연계에 숨어 있는 질서와 아름다움을 음미하도록 하는 것이다. 과학자들이 최고로 어려운 수수께끼를 만났을 때 느끼는 흥분과 경외감을 공유하도록 하는 것이다.
>
> 리처드 도킨스 자서전 2 중

★ 사회에 공헌하고자 하는 마음

나중에 영국으로 돌아와 옥스퍼드에서 교수직을 맡게 되었지만, 그는 이후에도 반전 시위를 계속 지지했어. 예를 들어 이라크 침공을 했던 조지 부시 전 미국 대통령에 대해서 도킨스가 〈가디언〉지에 게재한 기사를 보면 그의 반전 의식을 엿볼 수 있어. 이렇게 자신의 삶을 통해서 모범을 보였기 때문에 도킨스가 전 세계적으로 사랑받는 학자가 될 수 있었다고 생각해.

★ 학문 간의 융합

옥스퍼드의 시험 출제 범위는 다른 학교와 달리 대단히 광범위해서 한 학문 전체에 이르렀어. 도킨스의 경우에는 동물학 전 분야가 출제 범위였지. 수업에서는 주로 박사학위 논문을 읽고 종합 보고서를 내는 과제가 주어졌어. 옥스퍼드는 이러한 교육 방식을 통해 단지 지식을 받아먹는 노예가 아닌 한 명의 '진정한 학자'를 길러내고 있었던 거야. 심지어 아서 케인 박사의 강의는 동물학 교육과정과 거리가 먼 역사와 철학에 관한 내용을 다뤘지만, 이런 수업을 통해 도킨스는 자기 자신이 '진정한 학자'로 성장하고 있다는 것을 느꼈어. 그 뒤 계속해서 새로운 연구 주제를 만나면서 그의 생각의 깊이와 글 솜씨는 점점 늘어갔지.

★ 창조적 사고

도킨스는 『이기적 유전자』를 통해 대중에게 유전자의 본성에 대해 알려주었어. 동물행동학과 사회생물학(모든 생물의 사회적 행동을 유전자의 자연선택으로 해석하는 학문) 분야에 대한 대중의 관심을 불러일으키고 인간을 포함한 동물들의 행동을 유전자의 관점에서 해석했지. 그 결과, 유전자의 본성에 따라 인간의 행동을 분석하고 이타주의까지도 유전자가 운반자를 통해 자신의 이익을 도모하려는 전략에 불과하다는 새로운 해석을 우리에게 보여주었어.

■ 찾아보기

■ 참고문헌

김근배 지음, 조승연 그림. 『종의 합성을 밝힌 휴머니스트 우장춘』, 다섯수레, 2009

리처드 도킨스 지음, 김명남 옮김. 『리처드 도킨스 자서전 1』, 김영사, 2016

리처드 도킨스 지음, 김명남 옮김. 『리처드 도킨스 자서전 2』, 김영사, 2016

리처드 도킨스 지음, 홍영남·이상임 옮김. 『이기적 유전자』, 을유문화사, 2010

비루테 갈디카스 지음, 홍현숙 옮김. 『에덴의 벌거숭이들』, 디자인하우스, 1996

스탠리 밀러 지음. 『생명의 기원』, 민음사, 1990

정혜경 지음. 『왓슨&크릭』, 김영사, 2006

제임스 D. 왓슨 지음, 최돈찬 옮김. 『이중나선』, 궁리, 2006

조나단 클레멘츠 지음, 조혜원·정기영·최섭 옮김. 『다윈의 비밀노트』, 씨실과 날실, 2012

조슈아 포어 지음, 류현 옮김. 『일 년 만에 기억력 천재가 된 남자』, 갤리온, 2016

질 볼트 테일러 지음, 장호연 옮김. 『긍정의 뇌』, 윌북, 2010

찰스 다윈 지음, 이한종 옮김. 『나의 삶은 서서히 진화해왔다』, 갈라파고스, 2003

찰스 다윈 지음, 송철용 옮김. 『종의 기원』, 동서문화사, 2013

찰스 다윈 지음, 홍성표 옮김. 『종의 기원』, 홍신문화사, 2007

팀 페리스 지음, 박선령·정지현 옮김. 『타이탄의 도구들』, 토네이도, 2017

프랜시스 크릭 지음, 권태익·조태주 옮김. 『열광의 탐구』, 김영사, 2011

Alain Morin. "Self-awareness deficits following loss of inner speech: Jill Bolte Taylor's case study." *Consciousness and Cognition Journal*, 2009

Anne E. Russon and Biruté M.F. GAldikas. "Imitation in Free-Ranging Rehabilitant Orangutans (Pongo pygmaeus)." 1993

Charles Darwin. On The Origin of Species by Means of Natural Selection, 1859

Dougal Dixon. Man after Man. St Martins Pr, 1990

Graham L. Banes & Biruté M. F. Galdikas & Linda Vigilant. "Male orang-utan bimaturism and reproductive success at Camp Leakey in Tanjung Puting National Park, Indonesia." 1991

J. D. WATSON, F. H. C. CRICK. "MOLECULAR STRUCTURE OF NUCLEIC ACIDS: A Structure for Deoxyribose Nucleic Acid." *Nature*, 1953

■ 사진 출처

숫자=쪽수, a=above(위), b=below(아래), l=left(왼쪽), r=right(오른쪽), c=centre(가운데)